互联网＋职业技能系列微课版创新教材

# 移动UI商业项目
## 设计实战

束开俊　曹　磊　编著

北京希望电子出版社
Beijing Hope Electronic Press
www.bhp.com.cn

# 内 容 简 介

本书内容丰富，结构清晰，从 UI 设计的基本概念入手，逐步深入到具体的设计原则、知识储备和设计流程，涵盖了从初步的研究分析到逐步优化的过程。全书共 8 章，包括 UI 设计概述、UI 设计的基本要素、UI 图标设计、手机主题图标设计、阅读类 APP 设计、电商购物类 APP 设计、游戏 UI 设计、投票小程序界面设计。其中，第 4~8 章围绕着具体的商业项目展开，不仅提供了详尽的设计理论支持，还有大量的案例分析，使读者能够在学习过程中更好地理解和应用 UI 设计的相关知识。

本书可作为职业院校、技工学校及各类社会培训机构的教材，也适合 UI 设计领域的初学者使用。无论是想深入了解 UI 设计的理论基础，还是希望提升自己的设计技能，读者都能从本书中获得有益的启示和实用的指导。

为帮助读者更好地学习，本书配套提供了微课视频，读者可以通过扫描正文中的二维码获取相关文件。

**图书在版编目（CIP）数据**

---

移动 UI 商业项目设计实战 / 束开俊，曹磊编著.
北京 ： 北京希望电子出版社，2024. 10.
ISBN 978-7-83002-871-8

Ⅰ. TN929.53
中国国家版本馆 CIP 数据核字第 2024G6Z714 号

---

| | |
|---|---|
| 出版：北京希望电子出版社 | 封面：汉字风 |
| 地址：北京市海淀区中关村大街 22 号 | 编辑：周卓琳 |
| 　　　中科大厦 A 座 10 层 | 校对：龙景楠 |
| 邮编：100190 | 开本：787 mm×1092 mm　1/16 |
| 网址：www.bhp.com.cn | 印张：17.75 |
| 电话：010-82620818（总机）转发行部 | 字数：448 千字 |
| 　　　010-82626237（邮购） | 印刷：北京市密东印刷有限公司 |
| 经销：各地新华书店 | 版次：2025 年 5 月 1 版 1 次印刷 |

定价：47. 00 元

# 本书编写组

总 顾 问　许绍兵

顾 　 问　沙　旭　徐　虹　蒋红建

主 　 编　束开俊　曹　磊

副 主 编　蔡薇薇　乐美青　林根学

编审委员　（排名不分先后）

王　胜　吴凤霞　李宏海　俞南生　吴元红

陈伟红　郭　尚　江丽萍　王家贤　刘　雄

邓兴华　王　志　徐　磊　钱门富　陈德银

赵　华　汪建军　陶方龙　尹　峰　杜长田

费　群　芮贵锋　赵亚斌

专业委员　（排名不分先后）

盛文兵　范树明　范晓燕　王明鑫　王　强

邹时桥　王丽萍　吴　锐　王天德　茂文涛

黄超男　贾　进　曹永军　华永红　何　健

王文杰　张冠儒　侯海涛　赵世浩　张婷婷

韩士权　罗靖宁　程全锋

参 　 编　夏伦梅　孙立民　宋家言　胡德俊　范海涛

# 扫码唤醒
# AI智能辅导

全方位掌握商业项目设计精髓

**24H在线答疑**
带你攻克交互难题

📚 **配套资源**
课件助学，实操演练。

📖 **精品课程**
夯实基础，实践进阶。

🖥 **进阶训练**
磨炼技艺，启发灵感。

# 前 言 PREFACE

在移动互联网蓬勃发展的今天，UI设计作为连接用户与数字世界的桥梁，其重要性不言而喻。优秀的UI设计不仅能够提升用户体验，增强产品的吸引力，还能在很大程度上影响用户的行为，为企业创造更大的价值。因此，培养具备高水平UI设计能力的技术人才，对于推动信息技术产业的发展、促进经济结构的转型升级具有重要意义。本书旨在为职业院校和技工学校设计类专业的学生提供一套系统、全面的移动UI设计学习资料，帮助他们掌握实用的设计技巧，培养良好的设计思维，为未来的职业生涯打下坚实的基础。

本书贴合行业发展趋势，从理论到实践，覆盖了移动UI设计的关键知识点。本书共8章，不仅详细介绍了UI设计的基本概念、设计原则、技术储备、设计流程、图标设计、色彩应用、文字排版、尺寸规范等核心要素，还通过多个实际案例深入浅出地讲解了如何将理论知识应用于具体的商业项目中。这种理论与实践相结合的教学方式，有助于学生更好地理解和掌握UI设计的核心要点。

第1章概述了UI设计的基本概念、分类和原则，并介绍了UI设计师所需的知识体系与技能。

第2章讲解了图标、色彩及文字在移动UI设计中的应用，并介绍了相关尺寸规范。

第3章阐述了图标、标志与标识的区别，从抽象程度、风格和类型三个维度对UI图标进行分类，并系统介绍了图标设计的基本原则与完整流程。

第4章阐述了手机主题图标设计的优势，包括素材选择方法、风格设定要点，并以"小黄鸡"主题为例完整展示了设计流程。

第5章以"绿蝶文学"APP为例，系统阐述了阅读类APP的定位分析、功能设计及原型图实现，完整呈现了此类应用的设计要点。

第6章以"小黄蜂"APP为例，系统解析了电商购物类APP的设计流程，涵盖项目定位、功能规划到原型设计的完整过程。

第7章以"筑梦前行"APP为例，系统分析了游戏类APP的设计特点，通过对其优势、类型及功能的解析，阐述了游戏界面设计的核心方法与技巧。

第8章以"湖鲜节画展"APP为例，系统讲解了投票小程序设计的完整流程，包括项目定位、功能规划到界面实现，帮助读者掌握小程序设计的核心要点与实践技巧。

本书各章均设有课后习题，鼓励学生主动思考，从而在实践中不断提升综合能力。

由于编者在知识、阅历和理解等方面的局限性，本书不足之处在所难免，在此恳请广大读者批评指正。

编　者

2024年9月

# 目 录 CONTENTS

## 第 1 章 UI设计概述

## 第 2 章 UI设计的基本要素

## 第 3 章　UI图标设计

## 第 4 章　手机主题图标设计

# 第 5 章　阅读类APP设计

# 第 6 章　电商购物类APP设计

# 第 7 章　游戏UI设计

# 第 8 章　投票小程序界面设计

## 学习目的

- 本章将介绍 UI 设计的基本概况，主要包括 UI 设计的基本概念、UI 设计的原则、UI 设计的流程等。其目的是让读者了解 UI 设计的核心要素，从而建立对 UI 设计领域的整体认知，提高设计思维和创造力，拓宽设计视野，提升职业竞争力。

## 学习内容

- UI 设计的名词：GUI、WUI、UX、UED、IXD 等。
- UI 设计的分类：移动端 UI 设计、PC 端 UI 设计、游戏 UI 设计、其他 UI 设计。
- UI 设计的原则：一致性、简洁性、用户习惯等。
- UI 设计的设计流程。

## 学习重点

- UI 设计的分类。
- UI 设计的基本原则。
- UI 设计的设计流程。

## 效果欣赏

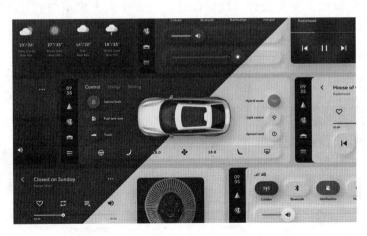

第1章

UI设计概述

# 1.1 认识UI

随着移动互联网的不断发展和移动智能产品的普及，各行各业越来越重视用户体验、产品人性化的需要。在当今及未来的商业竞争中，企业会不断在用户体验领域争夺用户资源，UI设计人才将越发受到企业重视，UI设计行业也将拥有更为广阔的发展前景。

一个优秀的UI设计能够帮助用户更加快速、轻松地理解产品，提升用户使用产品的效率和满意度。在竞争激烈的市场环境中，优秀的UI设计能形成独特的竞争优势，培养并维持用户的偏好。UI设计也会对产品的品牌形象和用户心理产生重要影响。通过巧妙运用颜色搭配与排版布局等设计元素，可以赋予产品独特的风格和品牌识别度，从而提高用户对产品的认同感和信任度。

## 1.1.1 UI设计的基本概念

用户界面（user interface，UI），是系统和用户之间进行交互和信息交换的媒介。UI设计是指为用户提供良好的使用体验和交互方式的过程，它涉及设计师根据用户需求和行为模式，设计出易于理解、直观、高效的界面。用户界面设计的目标是使用户能够轻松地完成任务，降低学习成本和减少错误操作，并提供愉悦的用户体验。优秀的UI设计不仅会让产品操作简单，还会让产品变得有个性、有品位，充分表现出产品的定位和特点。

很多人误将UI设计等同于平面设计，实际上平面设计更多关注的是视觉设计。UI设计范围较广，不仅包括原型设计、交互设计、视觉设计，还要深入考虑用户的互动体验。平面设计一般通过印刷媒介来呈现作品，UI设计则是以电子屏幕为载体来呈现其作品。图1-1为平面设计，图1-2为UI设计。

图1-1　平面设计

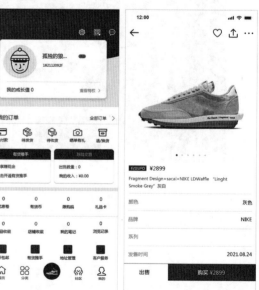

图1-2　UI设计

若把UI比喻成一辆车，则方向盘、仪表盘、中控属于用户界面。图1-3为车载系统设计。

图1-3 车载系统设计

## 1.1.2 UI设计的名词

UI设计分工细致，对于初学者而言，掌握UI设计相关术语的缩写非常重要。

### 1. GUI

图形用户界面（graphical user interface，GUI），是指计算机与其用户之间进行交互的图形化接口，为用户提供了直观、易于使用和交互式的方式与计算机沟通。图1-4为GUI图标设计。

图1-4 GUI图标设计

### 2. WUI

网页设计界面（web ui design，WUI），是指根据企业需求进行网站功能策划，面向网页和Web应用程序的用户进行界面设计。WUI设计需要考虑信息架构、页面布局、色彩搭配、图标和按钮设计等因素，其宗旨是构建一个外观吸引眼球、易于操作的界面，以提供更好的用户体验。图1-5为网页设计界面。

图1-5　网页设计界面

### 3. HUI

手持设备用户界面（handset user interface，HUI），是一种基于HTML和CSS的前端UI框架，它提供了一系列的组件、样式和布局，用于快速构建响应式的Web界面。HUI设计具有简洁、易用、量轻的特点，适合于快速开发和迭代。图1-6为数字化监控系统UI设计。

### 4. UX

用户体验（user experience，UX）最初由唐纳德·诺曼（Donald Arthur Norman）提出，指的是用户在使用产品的过程中的个人主观感受是通过改进用户与产品、系统或服务之间的交互，来提升用户满意度和用户体验的过程。

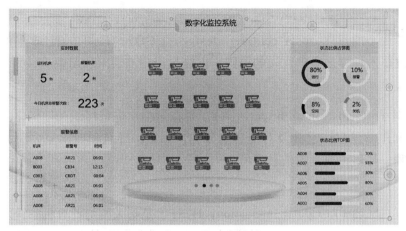

图1-6  数字化监控系统UI设计

### 5. UED

用户体验设计（user experience design，UED），是指通过对用户的需求、行为和情感的研究和分析，以及对产品功能和界面的设计与优化，来提升用户在使用产品时的满意度和愉悦感的设计过程。

### 6. PM

产品经理（product manager，PM），负责洞悉市场需求，制定相应的产品战略，明确产品的功能和特性，与研发团队紧密合作，推进项目按计划前进，确保产品的质量，并致力于优化用户体验。

### 7. IXD

人机界面的交互设计（interaction design，IXD），是指通过设计创造人与产品、服务或系统的互动方式和体验的过程。交互设计致力于设计人机界面，以确保用户与产品的互动流畅、有效和愉悦。图1-7为原型图交互设计。

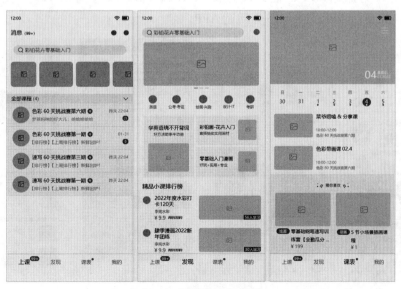

图1-7  原型图交互设计

### 8. UCD

以用户为中心的设计（user centered design，UCD），强调在设计产品的过程中，从用户体验角度出发，遵循用户优先的原则，以满足用户的需求和期望。

### 9. IA

信息架构（information architect，IA），是指对信息进行组织和结构化的过程，以方便用户获取和理解信息。它涉及对信息的分类、标签、导航和搜索等方面的设计，旨在提供一个清晰、易用和高效的信息环境。

### 10. HCI

人机交互（human computer interaction，HCI），是指人类与计算机系统之间如何通过特定的沟通方式进行信息交流。这种交互过程不仅涉及信息的双向传递，还注重优化用户的互动体验，提升工作效率，并增进用户的整体满意度。

## 1.2 UI设计的分类

根据用户和界面分类，UI设计可分为4类，包括移动端UI设计、PC端UI设计、游戏UI设计以及其他UI设计。

### 1.2.1 移动端UI设计

移动端UI设计主要涉及智能手机、平板电脑界面设计，它包括智能手机、平板电脑上看到的所有图标、应用程序（APP）、主题等。例如，淘宝、钉钉、Keep、饿了么、携程等应用程序上的图标和界面都可以视为移动端UI设计。图1-8为电商APP，图1-9为运动APP，图1-10为旅游APP，图1-11为音乐APP，图1-12为视频APP，图1-13为招聘APP，图1-14为通信APP，图1-15为阅读APP。

图1-8　电商APP　　　图1-9　运动APP　　　图1-10　旅游APP　　　图1-11　音乐APP

图1-12 视频APP

图1-13 招聘APP

图1-14 通信APP

图1-15 阅读APP

## 1.2.2 PC端UI设计

PC端UI设计是针对个人计算机屏幕尺寸进行定制，以优化用户界面。相对移动端UI设计，PC端UI设计拥有更大的屏幕空间，可以提供更丰富和流畅的视觉效果从而提升用户体验。在PC端UI设计中，重点应放在布局、色彩搭配、交互设计等方面，以提供一个友好且直观的用户界面体验。例如，迅雷、360安全卫士、QQ以及各种设计软件，都是这种设计理念的体现。图1-16为迅雷界面，图1-17为360安全卫士界面。

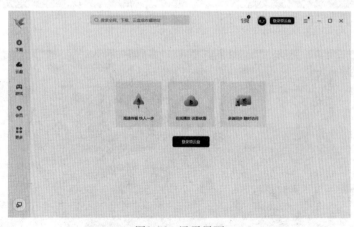

扫码获取

☑ AI智能辅导
☑ 配套资源
☑ 精品课程
☑ 进阶训练

图1-16 迅雷界面

图1-17 360安全卫士界面

### 1.2.3 游戏UI设计

游戏UI设计主要针对手机和计算机的游戏软件应用，在视觉、交互以及用户体验等方面优化和提升游戏的设计，它包括游戏界面、游戏场景、游戏图标、皮肤等方面。游戏UI设计的重要性不仅是游戏界面的美化，更在于它对玩家理解游戏内容和操作的便利性产生直接影响。

在游戏UI设计中，首先需要确定游戏的整体风格和氛围，如是科幻、奇幻，还是现代等。在游戏界面的设计过程中，不仅需要根据游戏的主题和要传达的情感进行反复的测试与调整，还需要深入考虑玩家的操作偏好，以及他们对界面的直观理解，只有这样才能确保游戏UI设计既符合美感，又能提升用户的体验满意度。图1-18和图1-19都为游戏界面。

图1-18　游戏界面1

图1-19　游戏界面2

### 1.2.4 其他端UI设计

其他端UI设计是指除上述3种UI设计以外，用户较少但又需要特别设计的UI设计，如智能手表、银行自动取款机、智能电视、卡拉OK点歌机等界面。图1-20为智能手表界面，图1-21为智能电视界面。

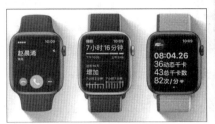

图1-20　智能手表界面

图1-21　智能电视界面

# 1.3　UI的设计原则

设计师在满足客户设计需求的同时，还要关注用户的互动体验，以及信息传达的清晰性，否则可能导致用户的大量流失，从而引发不可预知的负面效果。因此，遵守用户界面设计的基准原则是至关重要的。

### 1. 一致性

优秀的UI设计在视觉美感、布局结构、图标风格、交互逻辑、色彩搭配、文字排版以及控件应用等方面要协调一致。统一的界面能够显著提升用户体验。例如，文字的字体和颜色应保持一致、颜色的运用保持一致、界面中的各组件对齐方式保持一致、图标的设计风格和线条粗细保持一致。

### 2. 简洁性

现代人的生活节奏越来越快，生活的压力也越来越大，烦琐的设计已经不符合快节奏生活的需求。简洁的界面设计有助于实现界面统一，减少用户的思考负担，可提高用户操作效率，减少用户误操作的风险，并加深用户对产品的印象。

### 3. 用户习惯

UI设计要把用户的体验放在第一位，以用户为设计中心，尊重用户的使用习惯，保证用户使用产品时的流畅性，避免引起用户的不适甚至反感。

### 4. 准确传递信息

在设计产品的过程中，有效传递信息是设计师需要把握的一个维度。移动端UI设计受到屏幕尺寸的限制，尽量不要使用用户不理解的专业术语、表意不明确的符号、不符合常规的交互设计等，可采用生动直观的图标、简约型卡片式布局、合理规范的文字、减少不相关的信息等优化界面的方式，以简练、清晰和准确的形式打造产品核心优势。

### 5. 形式美原则

井然有序的美感契合人们的审美偏好，在视觉上能为观者带来愉悦的体验。从心理学视角来看，这类美感能赋予人一种宁静平和的心理感受。在用户界面设计中，通过应用形式美原则，可以对设计流程进行有序和整体的整合，从而给用户带来强烈的视觉影响。设计师需平衡用户的审美偏好与产品特性，确保布局结构的逻辑性，色彩搭配的协调性，图标的准确表达以及不同页面间的视觉效果一致性。

## 1.4　UI设计的知识储备

随着信息技术的飞速发展和智能手机的普及，市场对移动端的需求呈现爆发式的增长。UI设计师的角色不再局限于美化界面和整体风格，他们还需要负责产品的操作逻辑，精确分析目标用户群，从而成为一名具备多项技能的复合型专业人才。因此，UI设计师应拥有市场分析、竞争对手调研、视觉设计、软件操作、产品交互、用户体验分析、程序编码等方面的储备知识。通常来说，UI设计师应该从技术基础、绘图基础、移动端操作系统、用户体验、交互设计等方面进行知识储备。

### 1.4.1　技术基础

在着手进行界面设计之前，UI设计师必须掌握一些专业软件的操作技能。由于UI界面中各元素的功能和效果各异，设计师要根据需求选择不同的软件进行创作，如Photoshop、Illustrator、Xmind、Axure、Sketch、After Effects、C4D、PxCook、Dreamweaver等，其中以Photoshop和Illustrator最为常用。掌握软件仅是设计的一部分，不能代表真正的设计。

#### 1. Photoshop

Photoshop，简称PS，是一款数字图像处理软件，广泛用于照片编辑、图像设计和艺术创作等领域，是UI设计师首选的界面设计软件。Photoshop是设计师实现创意的有力助手，能够轻松地实现设计师的奇思妙想。PS在UI设计领域的功能包括界面布局、图标设计、图像处理、原型设计以及运营设计等。图1-22为Photoshop软件启动界面。

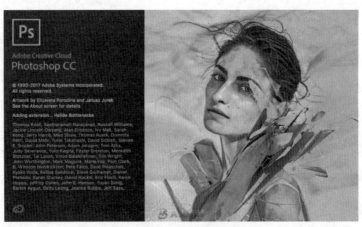

图1-22　Photoshop软件启动界面

## 2. Illustrator

Illustrator简称AI，是一款应用于出版、多媒体和在线图像的工业标准矢量插画的软件。该软件主要应用于印刷出版、海报书籍排版、专业插画、多媒体图像处理和互联网页面的制作等，也可以为线稿提供较高的精度和控制，适合任何从小型设计到大型的复杂项目设计。图1-23为Illustrator软件启动界面。

图1-23　Illustrator软件启动界面

## 3. Xmind

Xmind是一款非常实用的头脑风暴和思维导图软件，帮助用户组织思路和信息，常用于项目管理和学习笔记。Xmind可激发设计师的灵感和创意，帮助他们理清思路、捕捉创意、提高创造力，从而提升工作效率。图1-24所示为思维导图。

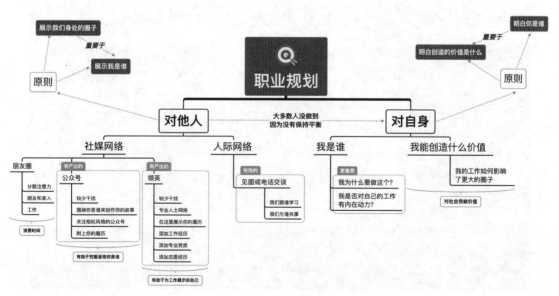

图1-24　思维导图

## 4. Sketch

Sketch是一款矢量绘图软件，主要用于界面设计和原型制作，特别受到UI和UX设计师欢迎的移动应用设计工具。Sketch软件直观易用，可以用于网站设计、移动应用设计、图标设计等，对于具有设计背景的设计师而言，学习使用该软件几乎没有任何障碍。Sketch能替代Photoshop、Illustrator和Fireworks设计大多数数字产品，但是Sketch只能在Mac中运行。图1-25为Sketch欢迎画面。

图1-25　Sketch欢迎画面

### 5. After Effects

After Effects简称AE，是一款视频后期处理软件，用于制作视频特效和动态图形，可以帮助UI设计师以高效和精确的方式创建各种吸引人的动态图形和令人赞叹的视觉效果。UI设计师通常用AE软件制作界面动效。例如，在界面中执行点击、滑动、扩大、最小化、翻页、导航标签转换、添加到列表、滚动等实施滑动手势，这些属于动态效果的范畴。图1-26为After Effects工作界面。

图1-26　After Effects工作界面

### 6. C4D

CINEMA 4D简称C4D，是一款专业的三维建模、动画和渲染软件，广泛应用于电影、电视、广告和游戏等领域。目前，在平面广告、电子商务、网页、用户界面和影视制作等设计领域中，C4D被广泛用来创建三维立体视觉效果。此外，许多好莱坞大片中的角色也是借助C4D来实现。C4D可以让界面设计层次更丰富，给单一的平面空间视觉增添了更多的空间感，使画面更有趣味。图1-27为C4D场景建模，图1-28为C4D人物建模。

图1-27　C4D场景建模

图1-28　C4D人物建模

### 7. PxCook

PxCook是一款设计工具，主要用于设计资源的尺寸调整、标注和导出，便于开发者实现设计效果。PxCook可以自动分析PSD文件内的距离、颜色和文字信息，它适用于Windows和Mac操作系统，是许多UI设计师首选的界面设计和切图工具。图1-29为PxCook软件界面。

图1-29　PxCook软件界面

### 8. Dreamweaver

Dreamweaver简称DW，是一款网页设计和开发工具，它支持HTML、CSS、JavaScript等多种网络编程语言。这款工具将网站构建与管理功能整合于一个直观的代码编辑环境中，设计师和程序员能够轻松地设计、编写和操控动态网站。在UI设计中，DW作为一套可视化网页开发工具，可以轻易地创建兼容多平台和多浏览器的动态网页。图1-30为Dreamweaver软件界面。

图1-30　Dreamweaver软件界面

## 1.4.2　手绘基础

手绘即手工作画或徒手作画，是表达和交流设计概念的一种直接而有效的方式。通过手绘，设计师能迅速且精确地展示自己的创意。在向客户阐述设计方案时，单凭口头解释可能难以让客户完全理解，但若辅以草图，便可以大大促进理解和沟通。图1-31为手绘图标。

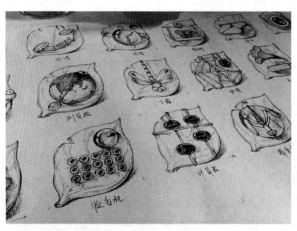

图1-31　手绘图标

UI设计虽需手绘技能，却有别于传统绘画。众多行业与绘画紧密相关，如漫画家通过手绘图讲述故事；服装设计师绘制设计稿后进行制作；环境艺术和工艺品设计也需要草图绘制。通过招聘网站可发现，在许多资深UI设计师的岗位要求中，大多注重手绘功底，具备这些技能的UI设计师在行业中更具竞争力。图1-32为UI设计师招聘信息。

图1-32　UI设计师招聘信息

在设计图标时，最初的概念往往是不清晰的，在构思的过程中会出现转瞬即逝的灵感。通过手绘草图可以迅速捕捉这些灵感，将抽象的想法具体化。在与客户沟通时，由于时间紧迫，不太可能按讨论的内容立即修改产品，但手绘能迅速地展示设计理念，及时将设计意图呈现给客户，从而有效提升工作效率。图1-33为手绘原型图、图1-34为手绘网站架构图。

图1-33　手绘原型图

图1-34　手绘网站架构图

##  1.4.3　移动端操作系统

目前，手机操作系统平台主要有Android、iOS以及Harmony OS，这三大操作系统各有特点及其设计规则。在移动设备界面中，每个移动设备的颜色方案、文本样式、分辨率、设备尺寸、像素密度、状态栏高度、导航栏高度和标签栏高度等都有明确的规范要求。作为UI设计师，必须严格遵守各平台规则，使产品以完美的状态呈现在用户面前。

### 1. Android系统

Android是目前全球手机用户使用较多的操作系统，主要用于移动设备，如智能手机和平板电脑。在智能手机市场中，很多手机厂商选择Android系统作为搭载平台，但每一个品牌又有自己的界面设计规范。Android系统的UI设计风格以简约优雅、功能多样为前提，采用艳丽色彩、渐变色调以及卡片式的布局，使界面在视觉上满足用户对移动互联网的需求。图1-35为Android操作系统界面。

图1-35　Android操作系统界面

### 2. iOS系统

iOS是为苹果的移动设备所开发的专有移动操作系统，属于类Unix的商业操作系统。iOS系统在UI设计中以扁平化风格为主，去除冗余、厚重和繁杂的装饰效果，采用简洁而美观的用户界面，更加简单和易用，极大地提升了用户体验，改善了用户的使用体验。图1-36为iOS操作系统界面。

图1-36　iOS操作系统界面

### 3. Harmony OS

Harmony OS是华为推出的面向万物互联的全场景分布式操作系统，不仅可以兼容安卓系统，而且在手机、汽车等电子领域都有所涉猎。Harmony OS系统的设计理念之一"One"是"万物归一，一切设计回归人的原点"，追求统一的全场景语言设计。Harmony OS系统界面干净美观、清晰流畅，视觉层级鲜明，在数字世界为用户还原真实感受。图1-37为Harmony OS操作系统界面。

图1-37　Harmony OS操作系统界面

### 1.4.4 用户体验

　　用户体验（UX）涉及个人对特定产品、系统或服务使用过程中的感受和看法，它关注用户与技术的交互过程以及产品的实际应用、情感响应、意义理解和价值评估。而用户体验设计（UXD）则是通过优化产品的易用性、功能性和吸引力，来引导和改善用户的互动行为。在日常生活中，用户体验指的是顾客对服务或产品的整体感受。比如，一家餐厅提供舒适的就餐环境、优质服务、合理的价格以及快速的上菜速度，避免了饥饿等待的不便；或者一个游乐园严格监督设备质量和安全措施，确保游客安心享受游乐设施。这些使用后形成的正面或负面评价构成了用户体验。图1-38为用户体验要素，图1-39为用户体验设计。

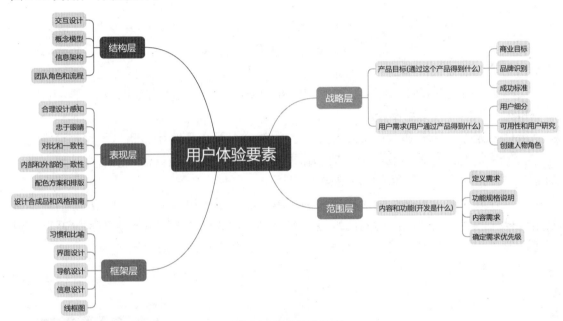

图1-38　用户体验要素

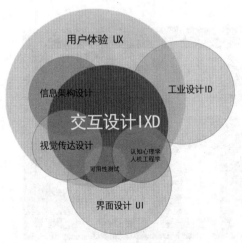

图1-39　用户体验设计

用户体验设计至关重要，因为体验渗透于我们的日常活动。例如，工作中使用的智能办公系统（钉钉）、进行交易时常用的支付工具（支付宝）、日常沟通依赖的聊天应用（QQ或微信）、导航定位所依赖的数字地图服务（高德）、线上购物平台（淘宝）、用于个人美化的照片编辑工具（美颜相机），以及娱乐休闲时观看的短视频平台（抖音）等，这些平台的设计和功能直接影响用户的使用体验。我们每日与各种产品互动，体验着它们带来的便利或困扰。在互联网时代，一款产品能否获得市场的认可，用户的满意度是决定其成败的一个关键指标。因此，用户体验设计必须关注用户的实际偏好、目标和期望，将用户的实际需求作为设计的出发点，确保产品能够满足用户的全部需求。

## 1.4.5 交互设计

交互的英文是interaction，前缀inter表示相互之间，action表示行为，所以interaction从字面上理解就是彼此间的行为交流，即一方采取行动后，另一方再行动，形成互动循环。交互设计就是在设计和优化这一系列的互动循环，让产品更有效地满足用户的需求。图1-40为某地图部分交互设计。

虽然大家可能每天都在用交互方式，但大部分人对交互设计的概念还比较模糊。例如，"扫一扫"功能，通过这一简单的动作即可迅速获取二维码包含的信息，从而实现添加好友、购物付款、识别商品信息等操作。

在设计交互时，关键在于让用户准确了解自己处于应用的哪个界面，并能清晰地指示用户操作流程。同时，需要明确地指示和引导用户如何跳转到其他页面，以及如何返回等。通过优化步骤和流程，以高效而直观的方式帮助用户达成目标。图1-41为"国家反诈中心"APP页。

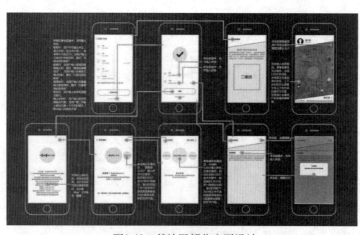

图1-40　某地图部分交互设计　　　　　图1-41　"国家反诈中心"APP页

## 1.4.6 沟通理解能力

在软件开发领域，UI设计师扮演着至关重要的角色，他们不仅是沟通的桥梁，更是连接开发者与终端用户的重要纽带。如果UI设计师缺乏有效的沟通能力和编写清晰指导方针的技巧，他们就无法充分展示自己的专业价值，也难以完成设计工作的核心任务。

在项目设计的初期，UI设计师必须与产品经理、客户以及业务团队进行深入的交流，确保对项目的需求、流程和业务逻辑有透彻的理解，并取得确认。同时，设计师需要与开发团队沟通，确保设计成果的精确实现。如果设计师不能充分理解对方的观点，就可能出现沟通不畅的情况，这会导致工作效率降低，并可能引发项目问题。设计师在把握客户需求和表达自己的创意时，必须做到表述清楚，用词准确，思维严谨，这样才能让客户更有效地理解设计师的意图，从而确保项目的顺畅和成功实施。图1-42为高效沟通方法。

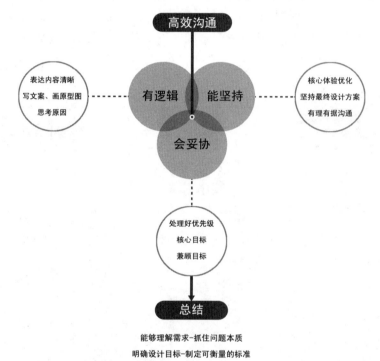

图1-42　高效沟通方法

## 1.5 UI设计的设计流程

作为一名UI设计师，在根据客户需求进行设计的同时，不仅要考虑到用户的使用体验，还需要保证信息的清晰传达。如果忽略了这几点，很可能导致用户流失，从而给企业带来损失。因此，遵守UI设计的原则是至关重要的。图1-43为UI设计流程图。

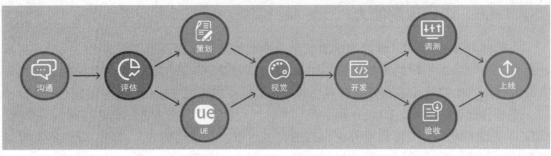

图1-43　UI设计流程图

## 1.5.1　研究和分析

在UI设计之前，需要进行研究和分析，这包括深入理解用户需求、识别目标观众和竞争对手的情况。通过开展用户访谈、市场调研和竞品分析等方式，收集相关信息，为后续的设计工作奠定基础。图1-44为用户画像，图1-45为调研数据说明。

图1-44　用户画像

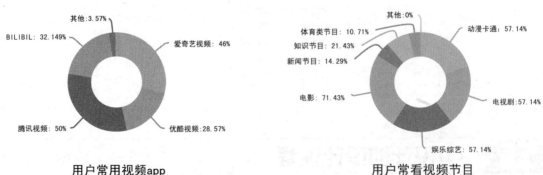

用户常用视频app

根据数据显示：使用腾讯视频与爱奇艺视频的用户居多，其中腾讯用户最多。

用户常看视频节目

根据数据显示：大部分用户喜欢用视频软件观看电影、动漫卡通、电视剧、娱乐综艺。

图1-45　调研数据说明

### 1.5.2　制定设计原则和目标

在进行深入的研究和分析后，需要根据分析结果明确设计方向。这需要确定设计的整体风格，包括选择何种风格的设计元素，如何运用这些元素以及如何将它们融合在一起，以形成一种独特而统一的设计风格。

同时，色彩搭配也是非常重要的一环。色彩不仅能够影响用户的情绪和行为，还能传达出品牌的形象和信息。因此，需要仔细考虑如何选择颜色，以及如何将这些颜色组合在一起，以创造出既美观又符合品牌定位的色彩方案。

此外，排版规则也是不能忽视的一个方面。良好的排版不仅能够提高用户的阅读体验，还能够有效地传达信息。因此，需要制定清晰的排版规则，包括字体的选择、字号的大小、行间距的设置等，以确保信息的清晰易读。

总的来说，需要根据研究和分析的结果，从整体风格、色彩搭配、排版规则等多个方面来制定设计方向，以确保UI设计与用户需求和品牌形象相匹配。这样，才能创建出既符合用户需求，又能够有效传达品牌信息的优秀UI设计。

### 1.5.3　创意和草图

创意和草图是UI设计过程中的两个重要步骤，它们帮助设计师将其想法转化为实际的设计。

创意是设计过程的起点。设计师需要理解产品的目标和用户需求，然后思考如何通过设计来实现这些目标。创意包括颜色、布局、字体、图像等元素，以及如何将这些元素组合在一起以创建吸引人的界面。

当设计师有了初步想法后，首先会绘制草图。草图是一种快速、低成本的方式，可用它来尝试不同的设计方案，并从中选择最佳方案。草图可以帮助设计师更好地表达想法，也可以更容易地向其他人解释这些想法。草图可以是手绘的，也可以使用数字工具进行绘制。

图1-46为UI设计草图。

图1-46　UI设计草图

###  1.5.4　交互设计

草图阶段确定了界面布局后，即可进入交互设计的环节。交互设计包括设计用户界面的交互方式、用户的操作流程和界面元素的交互效果。通过创建原型或使用交互设计工具，可以模拟用户与界面的交互过程，以便评估和优化设计。图1-47为原型图。

图1-47　原型图

### 1.5.5　视觉设计

在完成交互设计后，进入视觉设计环节。视觉设计包括选择合适的颜色、字体、图标和其他视觉元素，以及设计界面的视觉效果和样式。视觉设计的目标是提高用户体验和界面的吸引力。图1-48为APP界面。

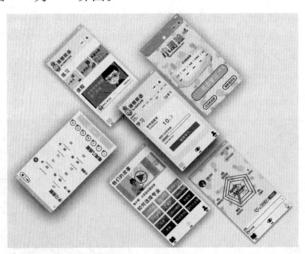

图1-48　APP界面

### 1.5.6　设计评审和测试

完成UI设计后，需进行设计评审和测试。与团队成员、客户或用户开展设计评审，收集他们的反馈和建议，然后进行必要的修改和优化。同时，实施用户测试，检验设计的可用性和用户体验。图1-49为评审资料清单。

图1-49 评审资料清单

### 1.5.7 实施和开发

在设计评审和测试通过后，即可将UI设计交付开发团队进行实施和开发。与开发人员密切合作，确保设计方案的精准落地，并处理在实施过程中遇到的问题。

### 1.5.8 验收和优化

完成开发后，设计人员需要对完成的界面进行验收和测试，以确保最终实施的界面与最初的设计稿一致，并达到既定的目标。如果发现界面仍有改进的空间，还应当对界面进行进一步优化和调整，以便进一步提升用户的使用体验。

## 本章总结

- 通过学习 UI 设计的分类，掌握 UI 设计不同类别的特点。
- 通过学习 UI 设计的基本原则，了解 UI 设计过程中需要注意的事项。
- 通过学习 UI 设计的设计流程，熟知 UI 设计的设计过程及要点。

## 课后习题

**1. 选择题**

（1）UI设计的全称及其概念是什么？（    ）

    A. user interface 的缩写，是指用户界面设计

    B. user identity 的缩写，是指用户识别设计

    C. user ideal 的缩写，是指用户目标设计

    D. user intention 的缩写，是指用户意图设计

（2）UI视觉设计常用的软件是（    ）。

    A. Word        B. Excel        C. Photoshop        D. Firefox

（3）以下哪种不属于UI设计范畴？（　　）

    A. 网页设计　　　　　B. 手机界面设计　　　C. 户外海报设计　　　D. 软件界面设计

（4）用户的浏览习惯是从右到左，从上到下（　　）。

    A. 正确　　　　　　　B. 错误

## 2. 简答题

（1）简述UI的概念及UI设计。

（2）简述UI设计的分类，并分别描述其特点。

（3）简述UI的设计原则。

（4）简述UI的设计流程。

## 学习目的

- 本章将详细介绍 UI 设计的基本要素，主要包括图标的应用、色彩的应用、文字的应用、UI 设计的尺寸规范等。通过学习，读者能够掌握如何巧妙运用色彩、字体和图标等元素，提升用户体验、增强品牌形象、提高界面可读性、强化信息层次结构，并提升界面美感。

## 学习内容

- 图标的设计要素，如图标的类型、图标的尺寸等。
- 色彩搭配的原则，如色彩的基础知识、颜色模型、配色技巧等。
- 文字的使用规范，如文字的类型、文字的字号，文字的颜色等。
- UI 设计的尺寸规范，如 Android 系统、iOS 系统等。

## 学习重点

- 图标的设计流程。
- 色彩的搭配。
- UI 设计的尺寸规范。

## 效果欣赏

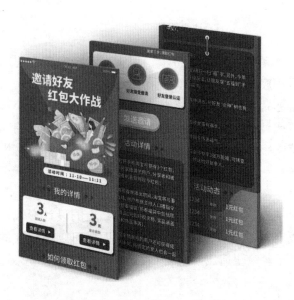

第2章

UI 设计的基本要素

# 2.1 图标在UI设计中的应用

图标是UI设计中不可缺少的元素，它便于用户识别和记忆。图标以符号的形态代替文字，将抽象的文字信息转化为具体的视觉表达，使得用户可以快速直观地理解其功能含义，从而进行相关操作。优秀的图标设计不仅可以在视觉上传达产品信息，也作为连接各界面的标志，在产品交互中能快速定位用户，从而提高产品的转化率。

## 2.1.1 图标类型

UI界面中的图标分为两类，一类是启动图标，一类是功能图标。启动图标通常位于系统桌面、设置栏等位置，功能图标是进入软件或应用后见到的所有图标。图2-1为启动图标，图2-2为功能图标。

图2-1 启动图标

图2-2 功能图标

### 1. 启动图标

启动图标是指在计算机操作系统或移动设备上，用于表示特定应用程序或软件的图标。它通常用于表示特定应用程序或软件的标识，在用户激活该图标时，对应的应用程序或软件便会启动。启动图标是品牌和产品的核心元素，也是APP的logo和启动键，一般应用于手机界面、启动屏幕或计算机桌面上，也出现在应用商店里。启动图标的种类多样，包括中文文字图标、英文字母图标、数字图标、几何图形图标、剪影图标、渐变图标、卡通形象图标等。

（1）中文文字图标

中文文字图标是一种将汉字、文字元素和图标元素相结合的设计形式，可以用来表示某个概念、识别某个品牌或者提供某种功能。中文文字图标可以以汉字的形状、笔画或者其寓意为基础，综合设计元素，塑造出别具一格且富有创意的图标形象。图2-3为中文文字图标。

图2-3 中文文字图标

（2）英文字母图标

英文字母图标是指以英文字母为设计元素。这种图标常见于应用程序、网站和品牌标识等场景，用于代表特定的名称、品牌或功能。图2-4为英文字母图标。

图2-4　英文字母图标

（3）数字图标

数字图标是指以数字为设计元素，常见于应用程序、网站和计数器等场景。图2-5为数字图标。

图2-5　数字图标

（4）几何图形图标

几何图形图标是以几何形状为设计元素，用于代表特定的功能、服务或概念。图2-6为几何图形图标。

图2-6　几何图形图标

（5）剪影图标

剪影图标是以简化的、单色的图形为设计元素表示物体或概念的图标，用于传达信息和引导用户操作。图2-7为剪影图标。

图2-7　剪影图标

（6）渐变图标

渐变图标是以渐变色的设计元素填充图标，给用户带来更加丰富的视觉感受，使界面看起来更加生动和吸引人。图2-8为渐变图标。

图2-8　渐变图标

（7）卡通形象图标

卡通形象图标是以卡通形象的设计元素填充图标，用于丰富图标的外观，以增加视觉吸引力。图2-9为卡通形象图标。

图2-9　卡通形象图标

### 2. 功能图标

功能图标是进入APP后见到的图标，它在APP中起着重要的作用。功能图标的作用是替代文字或者辅助文字指导用户的行为，功能图标比文字图标更加直观、易懂易记，符合用户的认知习惯，有助于提高APP的易用性。

（1）线性图标

线性图标以其简洁的设计风格和鲜明的识别性，能迅速传达信息并留下深刻的印象。随着扁平化和极简主义的盛行，线性图标也成了当今设计界的一大亮点。目前，许多APP的底部标签栏都采用了这种线形图标风格。图2-10为线性图标，图2-11为双色线性图标，图2-12为不透明度线性图标，图2-13为渐变线性图标。

图2-10　线性图标

图2-11　双色线性图标

图2-12　不透明度线性图标

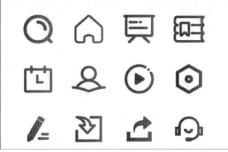

图2-13　渐变线性图标

（2）面性图标

面性图标是采用填充和负空间结构的图标，有大小、形状、颜色和纹理的变化。面性图标相对于线性图标而言，识别度更强，更具视觉冲击感，更容易吸引用户的关注。面性图标兼具坚实与柔和的特点，既展示出稳重的阳刚之美，也流露出细腻的阴柔之韵。面性图标在视觉上比线性图标更具冲击力和表现力，因此它们在各种应用场景中的运用更为广泛。图2-14为渐变面性图标，图2-15为拟物面性图标，图2-16为轻质感面性图标，图2-17为2.5D面性图标，图2-18为照片处理图标。

图2-14　渐变面性图标图

图2-15　拟物面性图标

图2-16　轻质感面性图标

2-17　2.5D面性图标

图2-18　照片处理图标

## 2.1.2 图标尺寸

图标在设计系统和产品体验中扮演着关键角色，其尺寸可根据需求和应用场景进行灵活调整。不同平台的图标尺寸规范各异，但所有图标在相应界面上的大小都应合适，同一使用场景下，图标的视觉大小应该保持一致。

### 1. iOS图标尺寸规范

在iOS设备中，图标的设定需遵守苹果为各种产品定义的标准尺寸，以确保在不同设备和不同使用场景中适配性良好。图标尺寸常采用12×12、16×16、24×24、32×32、48×48等，以48 px的图标最为常用，因为iOS界面的网格系统是按4的倍数来设置，而且苹果的设计规范建议最小的可点击区域为44 pt，以确定良好的用户体验。此外，iPhone和iPad的尺寸规格通常由屏幕分辨率和尺寸来决定的，对APP图标有严格的像素要求。iOS图标的尺寸如表2-1所示。

表2-1　iOS图标尺寸

| 设备 | 图标大小 |
| --- | --- |
| iPhone | 180 × 180 px (60 × 60 pt @ 3x)<br>120 × 120 px (60 × 60 pt @ 2x) |
| iPad Pro | 167 × 167 px (83.5 × 83.5 pt @ 2x) |
| iPad、iPad mini | 152 × 152 px (76 × 76 pt @ 2x) |
| APP Store | 1 024 × 1 024 px (1 024 × 1 024 pt @ 1x) |

由于iOS界面的网格是基于4的倍数构建，且最小点击区域为44 pt，在设计图标里需注意不同倍率屏幕的适配问题。在@2x上，图标尺寸应为4的倍数，确保能够整除2，与@1x的显示屏兼容。在@3x屏幕上，图标尺寸则需要是12的倍数，确保能够整除2、3、4，从而与@1x和@2x屏幕都兼容。

每个应用在iOS上除了拥有一个主要的启动图标外，还需配备一个与之视觉协调的小图标。小图标在细节处理上更富有表现力，因为它会在进行搜索、设置或查看通知时被展示出来。iOS小图标的尺寸如表2-2所示。

表2-2　iOS小图标尺寸

| 设备 | 搜索图标大小 | 设置图标大小 | 通知图标大小 |
| --- | --- | --- | --- |
| iPhone | 120 × 120 px (40 × 40 pt @ 3x)<br>80 × 80 px (40 × 40 pt @ 2x) | 87 × 87 px (29 × 29 pt @ 3x)<br>58 × 58 px (29 × 29 pt @ 2x) | 60 × 60 px (20 × 20 pt @ 3x)<br>40 × 40 px (20 × 20 pt @ 2x) |
| iPad Pro、iPad、iPad mini | 80 × 80 px (40 × 40 pt @ 2x) | 58 × 58 px (29 × 29 pt @ 2x) | 40 × 40 px (20 × 20 pt @ 2x) |

### 2. Android图标尺寸规范

对于Android平台来说，设计不同分辨率下图标的大小有着不同的要求，一个应用程序需要设计多种不同大小的图标。设计Android应用的图标，必须清楚知道px、dpi和dp这3个单位。

px是指像素，图标和图片一般都是以px为单位，如48×48 px。dpi是指每英寸的像素数，是衡量屏幕清晰度的单位。dp是Android系统中使用的一种虚拟的像素单位。Android图标的尺寸如表2-3所示。

表2-3　Android图标尺寸

| 图标用途 | mdpi<br>(160 dpi) | hdpi<br>(240 dpi) | xhdpi<br>(320 dpi) | xxhdpi<br>(480 dpi) | xxxhdpi<br>(640 dpi) |
|---|---|---|---|---|---|
| 应用图标 | 48×48 px | 72×72 px | 96×96 px | 144×144 px | 192×192 px |
| 系统图标 | 24×24 px | 36×36 px | 48×48 px | 72×72 px | 196×196 px |

在Android系统中，不同形状的应用图标尺寸规格不同。标准正方形图标，高度为152 dp，宽度为52 dp；圆形图标，直径为176 dp；垂直长方形图标，高度为176 dp，宽度为128 dp；水平长方形图标，高度为128 dp，宽度为176 dp。快捷图标的高度为48 dp，宽度为48 dp，但图标实际显示区域的高度为44 dp，宽度为44 dp。系统图标的高度为24 dp，宽度为24 dp。

## 2.1.3 图标设计原则

图标设计原则是指在设计图标时需要遵守的必要准则。在设计图标时，设计原则可以帮助设计师快速定位。

### 1. 识别性

图标应该能够快速被人们识别和理解，使其内涵一目了然。采用常见视觉语言和文化传统相吻合的图案，避免过于抽象或难懂的设计。

### 2. 规范性

在设计系列图标时，风格保持一致至关重要。确保各个图标在风格、比例和视觉上保持和谐，以确保整套图标的统一性。

### 3. 差异性

在设计图标时，必须在突出产品核心功能的同时表现出差异性，避免同质化，力求给用户留下深刻的印象。

### 4. 原创性

在图标设计中，原创性是指创造出独特、未曾见过的图标，这些图标能够以新颖的视觉方式表达特定的概念或信息。它要求设计师创造性地思考，同时平衡美学、功能性和实用性，以创造出既独特又实用的图标。

## 2.2 色彩在移动UI中的应用

在用户界面设计领域，色彩是至关重要的元素，它不仅能够加强品牌的形象，还有助于区分不同的信息交互状态，通过运用恰当的色彩，设计师可以创造出特定的氛围并表达出情感的热度。此外，色彩能引导用户的视线，提高内容的可读性，同时突出产品的独特风格，为用户提供强烈的视觉体验。图2-19为H5活动页面。

扫码获取
- ☑ AI智能辅导
- ☑ 配套资源
- ☑ 精品课程
- ☑ 进阶训练

图2-19  H5活动页面

### 2.2.1  色彩的基础知识

颜色感知是多样化的，它能够激发人们对于温暖与凉爽、柔软与坚强、兴奋与平静等不同的感觉。比如，性别差异影响色彩偏好，男女对颜色的喜好往往不尽相同；不同年龄层的人群也有着各自独特的颜色倾向。同一种颜色会让用户产生截然不同的情绪反应。根据JoeHallock的研究，揭示了性别在颜色选择上的明显差异，该研究专注于分析不同颜色的喜好度，包括最受欢迎到不太受欢迎的色彩，以及它们各自所占的比例。图2-20为不同性别色彩偏好比例图。

#### 1. 无彩色和有彩色

无彩色是指没有颜色，通常指黑白或灰色的图像或物体。例如，黑白照片、黑白电视、黑白插图等都属于无彩色范畴。这类图像通常表现一种古典或沉稳的氛围。有观点认为，无彩色作品可以更好地让人们专注于图像的内容，排除颜色的干扰，使得作品的细节和构图更为凸显。

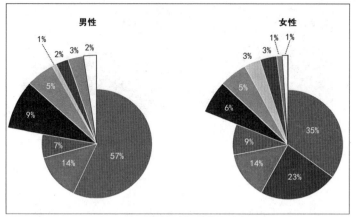

图2-20　不同性别色彩偏好比例图

所谓有彩色通常指那些色彩丰富、多样的物体或画面。在设计领域中，有彩色起着非常重要的作用，它可以传递感情、吸引目光、提升内容的可读性，并为用户提供强烈的视觉吸引力。图2-21为无彩色和有彩色。

无彩色

有彩色

图2-21　无彩色和有彩色

## 2. 三原色

三原色指色彩中不能再分解的3种基本颜色。原色的色彩纯度最高、最纯净，也最鲜艳，可以调配出绝大多数色彩，但其他颜色不能调配出三原色。三原色即红、黄和蓝。将三原色按照同等比例调和又得出三间色，即橙、绿、紫。用原色与间色相调或用间色与间色相调而成的是复色，复色是最丰富的色彩家族。复色包括了除原色和间色以外的所有颜色。图 2-22 为三原色，图 2-23 为国画。

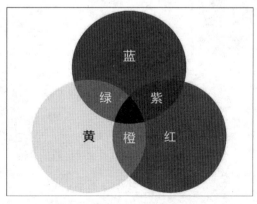

图2-22　三原色

图2-23　国画

### 3. 色调

色调是指在一个视觉作品中，所有颜色共同形成的总体色彩趋势，它反映了不同颜色间的群体和谐关系。尽管作品可能包含众多颜色，但总体上会呈现出一种主导的色彩倾向，可能是倾向于蓝色系或红色系，或者是给人以冷静或温暖的色彩感觉，这种整体的颜色方向即称为色调。

在用户界面设计中，颜色的选择常基于用户的心理反应，颜色通常被划分为暖色系、冷色系和中性色系。红色、橙色和黄色归属于暖色系，它们往往与太阳和火焰相关联。绿色、蓝色和黑色属于冷色系，它们让人联想到森林、海洋和天空。灰色、紫色和白色是中性色调。当冷色系的亮度提升时，会给人带来较暖的感觉；反之，暖色系亮度降低时，则感觉偏向冷静。图2-24为色调的类型，图2-25为小程序界面颜色搭配。

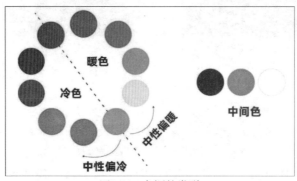

图2-24　色调的类型

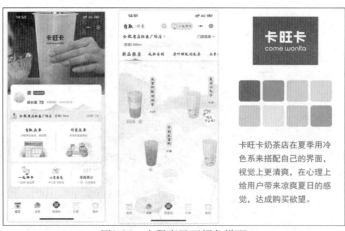

图2-25　小程序界面颜色搭配

### 2.2.2 色彩的属性

#### 1. 色相

色相是指不同颜色的相貌，与亮度、饱和度无关，也称为色阶、色纯、彩度、色别、色质和色调等。按照太阳光谱的次序把色相排列在一个圆环上，并使其首尾衔接，就称为色相环，再按照相等的色彩差别分为若干主要色相，即红、橙、黄、绿、青、蓝、紫等，如图2-26所示。

#### 2. 纯度

纯度是指色彩鲜艳的饱和程度。纯度越高，色彩含有色成分比例就越大，色彩会变得鲜艳生动。纯度越低，越接近黑、白、灰这些无彩色系列的颜色，色彩会变得暗淡。图2-27为纯度变化图。

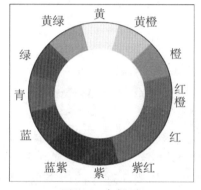

图2-26 色相环

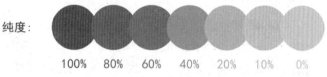

图2-27 纯度变化图

#### 3. 明度

明度是指色彩的明暗程度。黄色明度最高，蓝紫色明度最低，红色和绿色的明度中等。当纯度发生改变时，明度一般也会随之改变。以自然界为例，有些物体早晨和晚上的色彩不同。例如，树木和山脉，早晨色调浅，傍晚因光线减少，色调变得偏暗。图2-28为图标明度变化图。

图2-28 图标明度变化图

 ### 2.2.3 颜色模型

#### 1. RGB

RGB色彩模式是一种用于定义和表现色彩的模型，它广泛应用于数字图像处理、计算机图形设计以及摄影艺术等场景，专门用来管理与调节图片中的颜色。

RGB代表着红、绿、蓝3种颜色的分量，每个颜色的分量可以取0到255之间的整数值，表示该分量在混合颜色中的强度。R表示红色，G表示绿色，B表示蓝色。通过改变这3种颜色的分量值，可以获取不同的颜色。例如，纯红色可以表示为(255, 0, 0)，纯绿色可以表示为(0, 255, 0)，纯蓝色可以表示为(0, 0, 255)。其他颜色则是在这3种颜色的分量上进行调和得到的，图2-29为RGB色相环。

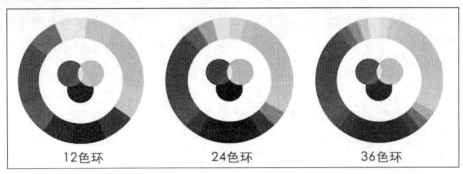

图2-29　RGB色相环

### 2. CMYK

CMYK是印刷行业中常用的一种色彩系统，用这种颜色模式来混合墨水，以产生所需的颜色。它是由4种颜色组成的：Cyan（青色）、Magenta（洋红色）、Yellow（黄色）和Black（黑色）。

CMYK颜色模式的工作原理是通过减少光的反射来混合颜色，这是一种减色法。在这个模式下，当CMYK的值都是0时，理论上是白色，因为纸张本身的颜色会显现出来；而当这3种颜色的值都是100%时，它们相互叠加吸收了更多的光，理应产生黑色，但实际上得到的不是纯黑色，因此需要加入真正的黑色墨水（K）来调整。图2-30所示为CMYK色相环。

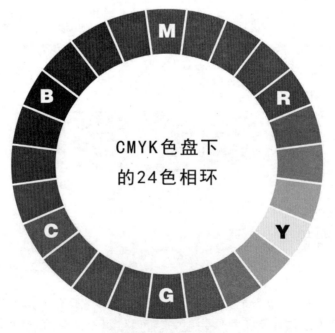

图2-30　CMYK色相环

### 3. HSB

HSB颜色模型是一种基于人类对颜色的感知而建立的色彩空间，它由色相(Hue)、饱和度(Saturation)和亮度(Brightness)组成。色相是颜色的种类或者颜色的类型；饱和度是指颜色的纯度或强烈程度，它描述了颜色中灰色成分的多少；亮度是指颜色的明暗程度，它与颜色的光强度有关。亮度的调整可以使颜色变亮或变暗，但不会改变颜色的基本属性。图2-31为HSB色相。

图2-31　HSB色相

### 4. Lab

Lab颜色模型是一种与设备无关的色彩模式，它能够表示人眼可见的所有颜色，并且感知是均匀的。它是一种基于生理特征的色彩模式，弥补了RGB和CMYK两种色彩模式的不足。

L表示亮度（Luminosity），即颜色的明暗程度，取值范围从0到100，其中0表示黑色，100表示白色。a表示颜色从深绿色到灰色，再到亮粉红色，取值范围从-128到+127，其中-128表示绿色，+127表示红色。b表示颜色从蓝色到灰色，再到黄色，取值范围从-128到+127，其中-128表示蓝色，+127表示黄色。图2-32为Lab颜色。

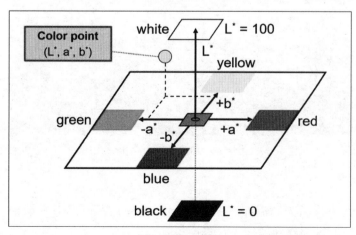

图2-32　Lab颜色

### 2.2.4 色彩的情感

色彩对人们的情感和心理状态有显著的影响。不同的颜色可以引起不同的情感和情绪反应。

**1. 红色**

红色通常会联想到激情、爱情、力量和活力，这种色彩可以激起人兴奋、热情和紧张的情绪。图2-33为Pad主题设计。

图2-33　Pad主题设计

**2. 橙色**

橙色通常与温暖、创造力和活力联系在一起。这种色彩有助于激发创造力、增加活力并引发正面的情绪反应。图2-34为触摸屏界面设计。

图2-34　触摸屏界面设计

**3. 黄色**

黄色通常与快乐、活力和温暖联系在一起，这种色彩可以提升情绪、增加活力，给人带来愉悦感。图2-35为移动端输入法界面设计。

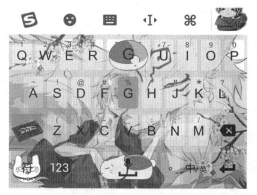
图2-35　移动端输入法界面设计

### 4. 绿色

绿色通常与自然、和谐和希望联系在一起。这种色彩能够促进身心放松、带来宁静之感。图2-36为环保主题APP界面设计。

图2-36　环保主题APP界面设计

### 5. 蓝色

蓝色通常与冷静、平静、信任和安宁联系在一起。这种色彩让人感到放松、平和和安详的感觉。图2-37为自助电子签名界面设计。

图2-37　自助电子签名界面设计

### 6. 紫色

通常与神秘、浪漫和奢华联系在一起。这种色彩能够激发神秘之感、点燃创意思维并增强情感体验。图2-38为可视化界面设计。

### 7. 黑色

黑色蕴含深邃与神秘之感，常被看作是力量与统治的象征。这种色彩能够传递出坚强、自信与决断力的情绪。图2-39为写实图标设计。

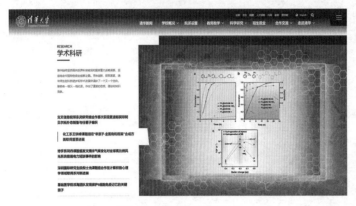

图2-38　可视化界面设计 　　　　　　　　　　　图2-39　写实图标设计

### 8. 白色

白色给人纯洁、清爽、优雅、安静、温和和冷静之感。同时，白色在视觉上也极具冲击力，能够引起人们的注意。图2-40为社交类APP设计。

图2-40　社交类APP设计

### 9. 灰色

灰色是一种中性色，介于黑与白的中间地带。它由黑色和白色混合而成，没有明显的色彩偏向。灰色通常被认为是一种稳重、沉着和中立的色彩。图2-41为手机主题设计。

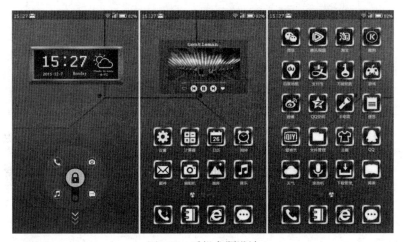

图2-41　手机主题设计

### 2.2.5　色彩的搭配

色彩搭配是多种颜色的结合应用，可创造出符合产品特性的视觉感受。色彩表达形式多样，其设计遵循均衡、韵律、突出与重现等法则，旨在实现美学效果，通过合理搭配色彩就能营造出和谐而美观的艺术作品。

#### 1. 同类色搭配

同类色是指在24色环上，间隔15°以内的颜色。例如，在黄色系列中，有橙黄、标准黄和浅黄等不同深浅的黄色。使用同类色搭配，能够保持画面的柔和、简洁和协调，使设计作品的版面细腻、沉稳、平和。图2-42为同类色，图2-43为同类色搭配效果。

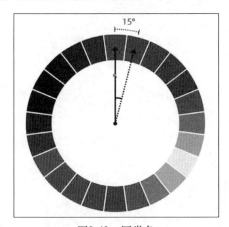

图2-42　同类色

图2-43　同类色搭配效果

#### 2. 近似色搭配

近似色是指在24色环上，角度差不超过60°的颜色。近似色搭配在色环上的色泽差异较小，导致颜色对比效果并不强烈，通常带来平面化的视觉感受。然而，正是这些细微的色相变化，为设计带来了清新、雅致视觉效果。图2-44为近似色搭配，图2-45为近似色搭配效果。

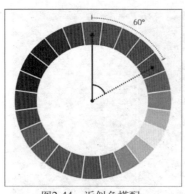

图2-44　近似色搭配

图2-45　近似色搭配效果

### 3. 邻近色搭配

邻近色是在24色相环上，与其间隔60°~90°的颜色，如红色与黄色、橙色与绿色等。采用紧邻色进行组合的配色方式，展现出一种独特的个性。邻近色在明度和纯度上既可以构成较大的反差效果，又能够形成色彩冷暖对比和明暗对比。这样的颜色搭配使画面呈现出丰富、跳跃的感觉。图2-46为邻近色搭配，图2-47为邻近色搭配效果。

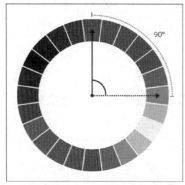

图2-46　邻近色搭配

图2-47　邻近色搭配效果

### 4. 对比色搭配

24色相环上，夹角在120°左右的两种颜色称为对比色，如黄色与蓝色、红色与青色等。对比色搭配是采用色彩冲突性比较强的颜色相进行搭配，能够使画面产生强烈的视觉冲击力，常用于需要凸显和着重说明的产品信息。图2-48为对比色搭配，图2-49为对比色搭配效果。

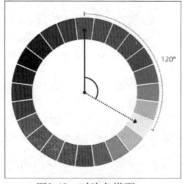

图2-48　对比色搭配

图2-49　对比色搭配效果

### 5. 互补色搭配

在24色相环上，夹角为180°的两种颜色被称为互补色，如绿色与红色、黄色与紫色等。互补色搭配能体现出强烈的色彩对比，相较于其他类型的颜色搭配，互补色相更具有感官上的刺激，是产生视觉平衡最好的组合方式。图2-50为互补色搭配，图2-51为互补色搭配效果。

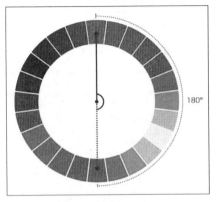

图2-50　互补色搭配

图2-51　互补色搭配效果

 ## 2.2.6　色彩搭配的注意事项

色彩搭配不仅仅是一个创意过程，也是一项技术性很强的工作。设计师需要具备色彩理论知识，同时也需要不断地实践和积累经验，才能更好地掌握色彩搭配的技巧。色彩搭配时应注意以下7点。

### 1. 明确主色调

设计时应选定一种颜色作为主色调，以使视觉效果整体统一。主色调的选择应与设计主题相协调，能够反映作品的氛围和情感。

### 2. 注意色彩比例

色彩的比例关系对于创造和谐的视觉效果至关重要。可以采用黄金比例或非黄金比例来处理色彩面积的大小和主次关系，确保整体效果的平衡与和谐。

### 3. 使用对比色

恰当地使用对比色可以使设计作品特色鲜明、重点突出。例如，在主色调基础上，适当加入对比色点缀，可以起到画龙点睛的作用。

### 4. 调整饱和度和透明度

在使用单一色彩时，为了避免单调，可以通过调整色彩的饱和度和透明度产生视觉变化，增加设计的层次感。

### 5. 注意光源变化

不同的光源会影响物体的实际颜色，设计时应考虑光线对颜色的影响，以确保最终效果与预期相符。

### 6. 保持简洁

过于复杂的色彩组合可能导致视觉上的混乱，简洁的色彩搭配更容易传达清晰的信息，且通常更具有视觉吸引力。

### 7. 进行测试与反馈

需要在实际媒介上测试色彩搭配的效果，因为屏幕显示与印刷输出之间可能存在差异。获取他人的反馈也有助于评估色彩搭配是否符合目标观众的审美需求。

在移动端用户界面设计中，文字元素的运用至关重要。通过恰当的文字布局，可以有效提升用户对应用功能与内容的理解。在进行文字排版时，需要关注字体风格、字号大小、字体粗细、行间距、文本宽度以及文字颜色等要素。不同的使用平台，对于界面设计中的文字设置有着不同的要求。

## 2.3 文字在移动UI中的应用

### 2.3.1 文字类型

在iOS设备中，系统默认中文使用的字体是"苹方"，英文字母使用的字体是"SF UI Text"，数字字符使用的字体是"DINPro"。

在Android设备中，系统默认的中文字体是"Noto思源黑体"，英文字母使用的字体是"Roboto"，数字字符使用的字体是"DINPro"。

### 2.3.2 文字字号

在不同的应用场景中，文字大小会有所区分。在系统字号配置中，文字的摆放位置不同，则其字号也会相应调整。在iOS系统的界面构建里，字号通常以像素（px）为单位；在Android系统中，则习惯用尺度可变的sp单位来设置字号。其中，1 sp等于2 px。图2-52为系统字号的大小和对应的位置。

**系统字号的大小和对应的位置：**

36 px：用于顶部导航栏的栏目名称。
30 px：用于标题文字和大按钮文字。
28 px：用于主要文字，正文或小按钮文字
24 px：用于辅助文字
22 px：用于底部标签栏文字。
20 px：用于提示性文字

图2-52 系统字号的大小和对应的位置

### 2.3.3 字体行高

在设计字体行高时，需精确调整每一行文字的行高，确保其与字体的高度契合，这不仅是对细节的追求，更是对最终呈现效果的严谨把控。图2-53为字体行高。

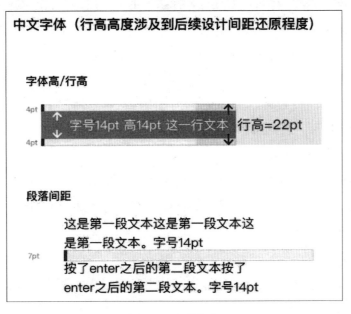

图2-53　字体行高

### 2.3.4 文字颜色

在选择文字颜色时，应确保其与背景色之间存在足够的对比度，以便用户轻松辨识文字内容。避免采用过于明亮或淡雅的颜色，这样的颜色搭配会影响文字的可读性。

在用户界面设计中，文字颜色按照重要性分为3个主要层次：主标题、副标题和提示信息。在白色背景下，文字通常采用黑色、深灰色、浅灰色等颜色。经常使用的颜色色值有：#1e1e1e（接近黑色）、#333333（深灰色）、#666666（中度灰色）、#999999（浅灰色）、#dcdcdc（非常浅的灰色）以及#f2f2f2（极浅灰色）。

### 2.3.5 文字使用规范

在UI设计中，文字使用规范涉及多个方面。正确使用规范可以确保文字能够清晰、有效地传达信息，同时与整体设计和谐统一。

#### 1. 字体选择

选择合适的字体对于品牌形象的塑造至关重要。字体应与品牌性格相符，能够反映品牌的内在骨骼。在UI设计中，通常建议使用无衬线字体，因为它们在小屏幕设备上更易阅读。

### 2. 字号和字重

字号的选择应基于内容的层次结构和重要性。标题和副标题的字号应大于正文，以便于用户快速识别和阅读。

合理使用不同字重的字体可以有效区分标题和正文，强调重点内容，增加视觉层次感。

### 3. 字距和行距

适当的字距可以改善阅读体验。字距过大或过小都会影响文本的可读性。设计师应根据不同的字体特性和使用场景来调整字距。

行间距（行高）的设置可以提高文本的可读性。通常情况下，行间距应略大于字体大小，以避免文字拥挤，提高阅读舒适度。

### 4. 对齐方式

文本的对齐方式会影响整体的视觉效果。左对齐是最常见的对齐方式，因为它符合自然的阅读习惯。居中对齐常用于标题或标语，而右对齐和两端对齐则较少使用。保持一致的对齐方式有助于界面的整体统一性。

### 5. 使用动画和特效

在UI设计中，可以使用适当的动画和特效来吸引用户的注意力和提升用户体验，但过多或过快的动画和特效可能会适得其反。

### 6. 适应性和可读性

考虑到不同设备的显示效果，文字的使用应适应不同的屏幕尺寸和分辨率，保证在各种设备上的可读性。

### 7. 一致性

整个应用或网站中的文字使用应保持一致，包括字体、大小、颜色等，以建立统一的视觉风格和用户体验。

## 2.4　UI设计的尺寸规范

### 2.4.1　iOS平台的尺寸要求

iPhone平台的界面尺寸要求因设备而异，需要根据不同的iPhone模型进行适配。有些关键点用于指导设计师和开发者，确保他们的应用在不同iOS设备上正确显示关于iPad平台界面尺寸的要求。关于iPad平台界面尺寸的要求如表2-4所示。

表2-4　iOS平台的界面尺寸要求

| 设备 | 分辨率/pt | 逻辑分辨率/pt | 切图规格 | 尺寸/inch | 像素密度/(px/inch) | 状态栏高度/px | 导航栏高/px | 标签栏高度/px |
|---|---|---|---|---|---|---|---|---|
| iPhone 13Pro Max | 1 284 × 2 778 | 428 × 926 | @3x | 6.7 | 458 | 47 | 132 | 147 |
| iPhone 13/13Pro | 1 170 × 2 532 | 390 × 844 | @3x | 6.1 | 460 | 47 | 132 | 147 |
| iPhone 13 mini | 1 080 × 2 340 | 360 × 780 | @3x | 5.4 | 476 | 50 | 132 | 147 |
| iPhone 12 Pro Max | 1 284 × 2 778 | 428 × 926 | @3x | 6.7 | 458 | 47 | 132 | 147 |
| iPhone 12/12 Pro | 1 170 × 2 532 | 390 × 844 | @3x | 6.1 | 460 | 47 | 132 | 147 |
| iPhone 12 mini | 1 080 × 2 340 | 360 × 780 | @3x | 5.4 | 476 | 44 | 132 | 147 |
| iPhone XS Max/11 Pro Max | 1 242 × 2 688 | 414 × 896 | @3x | 6.5 | 458 | 44 | 132 | 147 |
| iPhone XR/11 | 828 × 1 792 | 414 × 896 | @2x | 6.1 | 326 | 40 | 88 | 98 |
| iPhone X/XS/11 Pro | 1 125 × 2 436 | 375 × 812 | @3x | 5.8 | 458 | 60 | 132 | 147 |
| iPhone 6+/6s+/7+/8 | 1 242 × 2 208 | 414 × 736 | @3x | 5.5 | 401 | 60 | 132 | 147 |
| iPhone 6/6s/7/8 | 750 × 1 334 | 375 × 667 | @2x | 4.7 | 326 | 40 | 88 | 98 |
| iPhone 5/5s/5c/SE | 640 × 1 136 | 320 × 568 | @2x | 4.0 | 326 | 40 | 88 | 98 |
| iPhone 4/4s | 640 × 960 | 320 × 480 | @2x | 3.5 | 326 | 40 | 88 | 98 |
| iPhone 2G/3G/3GS | 320 × 480 | 320 × 480 | @1x | 3.5 | 163 | 20 | 44 | 49 |

　　iPad平台的界面尺寸要求因设备而异，需要根据不同的iPad模型进行适配。iPad系列设备的屏幕尺寸和分辨率不同于iPhone，且随着新款iPad的发布，屏幕尺寸和分辨率也在不断变化。关于iPad平台界面尺寸的要求如表2-5所示。

表2-5　iPad平台的界面尺寸要求

| 设备 | 分辨率/pt | 逻辑分辨率/pt | 切图规格 | 尺寸/inch | 像素密度/(px/inch) | 状态栏高度/px | 导航栏高/px | 标签栏高度/px |
|---|---|---|---|---|---|---|---|---|
| iPad Pro 12.9 | 2 048 × 2 732 | 1 024 × 1 366 | @2x | 12.9 | 267 | 40 | 88 | 90 |
| iPad Pro 10.5 | 1 668 × 2 224 | 834 × 1 112 | @2x | 10.5 | 264 | 40 | 88 | 90 |
| iPad Pro/Air 2/Retina | 1 536 × 2 048 | 768 × 1 024 | @2x | 9.7 | 401 | 40 | 88 | 90 |
| iPad Mini 2/3/4 | 1 536 × 2 048 | 768 × 1 024 | @2x | 7.9 | 326 | 40 | 88 | 90 |
| iPad 1/2 | 768 × 1 024 | 768 × 1 024 | @1x | 9.7 | 132 | 40 | 44 | 49 |

### 2.4.2 Android平台的设计尺寸

在Android平台的UI设计中，屏幕尺寸和分辨率是设计师必须考虑的首要因素。在Android平台上进行设计时，关键尺寸规范如下所述。

#### 1. 屏幕尺寸

Android将屏幕尺寸分为小、正常、大和特大4个类别，这是根据屏幕的对角线长度来区分的。

#### 2. 像素

像素（px）是屏幕上的一个实际显示点，代表一个具体的图像元素。

#### 3. 屏幕密度

Android引入了DP（密度无关像素）的概念，以适应不同屏幕密度的设备。屏幕密度分为低（120 dpi）、中（160 dpi）、高（240 dpi）和超高（320 dpi）4个等级。在这些密度下，1 DP对应的px值会有所不同。例如，在240 dpi的屏幕上，1 DP等于1.5 px。

由于Android设备具有多种分辨率，Google为了简化原生应用界面的适配工作，按照DPI将设备屏幕分为4种模式：MDPI、HDPI、XHDPI、XXHDPI，以及Android 4.3及以上版本的XXXHDPI。

#### 4. 常见的设计基准尺寸

320 dp：适合普通的手机屏幕（如：240×320 px、320×480 px、480×800 px）

480 dp：适用于中等大小的平板电脑（如：480×800 px）

600 dp：适用于7英寸的平板电脑（如：600×1 024 px）

720 dp：适用于10英寸的平板电脑（如：720×1 280 px、800×1 280 px）

#### 5. 各屏幕密度对应的图标尺寸

屏幕密度为xxhdpi的对应图标尺寸为144×144 px。

屏幕密度为xhdpi的对应图标尺寸为96×96 px。

屏幕密度为hdpi的对应图标尺寸为72×72 px。

屏幕密度为mdpi的对应图标尺寸为48×48 px。

屏幕密度为ldpi的对应图标尺寸为36×36 px。

## 本章总结

- 掌握图标在 UI 设计中的应用。
- 掌握色彩在移动 UI 中的应用。
- 掌握文字在移动 UI 中的应用。
- 掌握 UI 设计的尺寸规范。

## 课后习题

**选择题**

(1) 启动图标一般分为哪几种类型？（　　）

　　A. 图标形式　　　　B. 图形形式　　　　C. 插画形式　　　D. 拟物形式　　　E. 文字形式

(2) 图标的设计原则是（　　）。

　　A. 识别性　　　　　B. 规范性　　　　　C. 差异性　　　　　D. 原创性

(3) 色彩的属性是（　　）。

　　A. 色相　　　　　　B. 纯度　　　　　　C. 明度　　　　　　D. 色阶

(4) 色彩搭配包括（　　）。

　　A. 同类色搭配　　　B. 近似色搭配　　　C. 邻近色搭配　　　D. 对比色搭配

(5) iOS 设备的系统默认字体是（　　）。

　　A. 黑体　　　　　　B. 宋体　　　　　　C. Noto 思源黑体　D. 苹方

(6) Android 设备的系统默认字体是（　　）。

　　A. 黑体　　　　　　B. 宋体　　　　　　C. Noto 思源黑体　D. 苹方

(7) 对比色是指 24 色相环上夹角（　　）左右的两种颜色被称为对比色。

　　A. 30°　　　　　　 B. 60°　　　　　　 C. 90°　　　　　　 D. 120°

(8) RGB 模式又称（　　）模型。

　　A. 减色　　　　　　B. 加色　　　　　　C. 混合　　　　　　D. 减光

扫码获取
☑ AI智能辅导
☑ 配套资源
☑ 精品课程
☑ 进阶训练

# 第3章

# UI图标设计

## 学习目的

- 本章将介绍 UI 图标设计，主要包括图标的概念、UI 图标的分类、UI 图标设计的原则、图标设计的流程等内容。通过这些内容，可帮助读者对 UI 图标设计有一个深入而完整的理解。

## 学习内容

- 图标设计的原则。
- 图标设计的规范。

## 学习重点

- 图标设计制作的流程。
- 图标设计的规范。
- 如何应用 Photoshop 软件创作不同风格的图标。

## 数字资源

- 【本章素材】："素材文件 \ 第 3 章"目录下。

## 效果欣赏

# 3.1 图标的概念

在用户界面中，图标设计是一个至关重要的角色，它通过视觉符号的运用有效传递信息并辅助用户操作。图标设计的目的在于以更加直观和更易于理解记忆的方式展现信息，增强用户体验，提高信息传递的效率和准确性，使用户能够更加方便、快捷地完成操作。图标设计追求清晰度高、简洁性强并易于识别的设计风格。图3-1为可爱型手机图标。

图标设计具有以下4个作用。

**1. 提高用户体验**

UI图标设计可以使用户更加方便、快捷地完成操作，从而提高用户的满意度和使用效率。图3-2为生活交通工具图标。

图3-1  可爱型手机图标

图3-2  生活交通工具图标

**2. 增强品牌形象**

UI图标设计可以通过符合品牌形象的设计风格和颜色，增强品牌形象，提高品牌的认知度和美誉度。图3-3为扁平化图标。

图3-3  扁平化图标

扫码获取
☑ AI智能辅导
☑ 配套资源
☑ 精品课程
☑ 进阶训练

### 3. 强化信息传递

UI图标设计可以通过图形、颜色、形状等元素来表达特定含意或信息，强化信息传递的效果，使用户能够更直观地理解和记忆信息。图3-4为社交网络品牌图标。

图3-4　社交网络品牌图标

### 4. 提高界面美观度

通过细致的设计和恰当的布局，UI图标设计能够美化用户界面，从而提升其吸引力，激发用户更强烈的使用兴趣。图3-5为线性图标。

图3-5　线性图标

## 3.2　图标、标志、标识的区别

在日常生活中，图标、标志和标识常常被用来隐喻某种特别的意义。这些术语听起来相似，但它们代表了3个不同的概念。

### 3.2.1　图标

图标是一种简约的视觉符号，常以简化的形式呈现，用以表示某个应用程序、功能或行为。图标小巧而精致，广泛应用于界面设计、网站设计等领域。在计算机操作界面中，图标经常作为代表特定软件或目录的符号出现。例如，在计算机操作系统中有许多不同的图标，如"打开""保存""删除"等。图3-6为移动端图标。

图3-6 移动端图标

### 3.2.2 标志

标志是用于代表品牌或组织的图形或符号，标志通常融合了文字和图形元素。标志是品牌形象的核心，传递企业的形象、品牌及其价值观。作为商业传播的关键要素，标志常被印刷在各种媒介上，如广告、名片和产品包装上。例如，小米公司的标志是一个色调鲜明，标志性强的"MI"，它以简约而不失活力的设计风格，传递出小米对技术和生活融合的独到见解，以及对未来的美好展望。图3-7为商业logo。

北京大学的校徽，"北大"两个篆字上下排列，上部的"北"字是背对背侧立的两个人像，下部的"大"字是一个正面站立的人像，有如一人背负二人，构成了"三人成众"的意象。鲁迅用"北大"两个字做成了一具形象的脊梁骨，借此希望北京大学毕业生成为国家民主与进步的脊梁。图3-8为北京大学校徽。

图3-7 商业logo

图3-8 北京大学校徽

中国工商银行的标识设计灵感来源于中国古代的圆形方孔钱币，其核心是一个醒目的"工"字，被一个圆圈所环绕。这个设计不仅体现了银行专注于工商信贷业务的特色，而且"工"字周围的结构形成了四个平面和八个直角，这象征着银行业务的多面性及其在国家经济构建中的广泛联系。标志中对称的几何形状也代表了银行与客户之间的紧密合作关系，反映了双方互相支持、共同发展的和谐关系。图3-9为中国工商银行标志。

图3-9　中国工商银行标志

 ### 3.2.3　标识

标识是一种用于区分不同事物的记号、符号或符号组合，具有明确标志含义的图形或文本。图 3-10 为安全警告标识，图 3-11 为公共场所标识。在商业领域中，标识是公司的视觉符号，代表公司的品牌形象和产品。

图3-10　安全警告标识

图3-11　公共场所标识

## 3.3　UI图标的分类

UI图标是现代界面设计中不可或缺的元素之一，用于传递信息、引导用户，同时还提升了界面的易用性和美感。UI图标根据不同的分类标准进行分类，以下是常见的几种分类方式。

 ### 3.3.1　按抽象程度分类

根据图标的抽象程度，可分为表示性图标和非表示性图标。

表示性图标是指通过简单形状和图像来传递特定功能或信息的图形符号。这些图标通常用于引导用户执行特定的操作，使操作更加直观和易于理解。图3-12为表示性图标。

图3-12　表示性图标

非表示性图标指那些不直接模仿或再现现实世界中具体物体或符号的图标。它们通常更加抽象，使用颜色、形状和线条以更加隐晦的方式来传达信息或功能。这种类型的图标在用户界面设计中同样扮演着重要角色，尤其是在现代简洁风格的设计中。

## 3.3.2　风格分类

根据图标的设计风格，可分为扁平化风格、实景风格和卡通风格等。

扁平化风格的UI图标是一种简洁、无立体感的设计风格，它摒弃了渐变、阴影、纹理等装饰元素，只保留最基本的形状、线条和颜色。这种风格的图标通常使用简单的几何形状，如圆形、矩形、三角形等，以及纯色或渐变色填充。扁平化风格的UI图标在视觉上更简洁明了，易于理解和操作，适用于各种设备和屏幕尺寸。图3-13为扁平化风格图标。

图3-13　扁平化风格图标

实景风格的UI图标是一种设计手法，它强调在用户界面中展现高度逼真的物体和场景。这种风格的图标以精准的细节、丰富的色彩和模仿现实世界的形状和纹理为特点，使得用户能够直观地识别出图标所代表的对象或功能。图3-14为实景风格图标。

卡通风格的UI图标是一种在用户界面设计中常用的视觉元素，以趣味性和夸张性为特点，通常使用鲜艳的颜色和简化的形状来吸引用户的注意力。图3-15为卡通风格图标。

图3-14　实景风格图标

图3-15　卡通风格图标

### 3.3.3　类型分类

根据图标的类型，可分为功能性图标、界面元素图标、媒体和通信图标。

功能性图标是用于引导或操作的界面元素，它不仅有助于提升用户体验，还能在不同的应用和网页中起到直观的指引作用。图3-16为功能性图标。

界面元素图标是表示界面元素的图标，它们以图形化的形式出现，用于指导用户操作和提供视觉提示，如菜单、滚动条等。图3-17为界面元素图标。

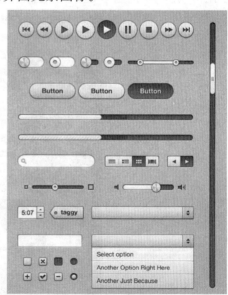

图3-16　功能性图标

图3-17　界面元素图标

媒体和通信图标是指在用户界面设计中，用于代表与媒体播放、通信功能相关的图形化符号，这些图标表示音频、视频、电子邮件和消息等。图3-18为媒体和通信图标。

图3-18　媒体和通信图标

# 3.4　UI图标设计的原则

在UI设计领域中，图标的创造是关键环节，它通过视觉简化技术，向用户传达简明而直接的信息。在设计图标时，设计师必须深入思考用户的需求，同时保持品牌的特色，并确保整体上的统一，创造出既简约易识别，又清晰一致，且具备可定制和可扩展性的UI图标，进而提升产品的整体品质与用户体验。设计UI图标时，要遵循以下原则。

### 1. 简洁明了

图标设计应追求简洁性，确保快速而准确地传递信息。在设计过程中，应坚持简约原则，剔除不必要的细节和复杂的装饰，确保在缩小尺寸时，图标仍能保持其清晰度。

### 2. 可识别性

优秀的图标是易于识别的，使用户能够轻松识别和理解其含义，避免混淆和误解。因此，在设计UI图标时，要简约明了，避免过度复杂。例如，可以通过品牌名称、象征性符号或者产品的关键特征来表达其寓意。

### 3. 一致性

在UI设计中，图标必须与品牌的形象相协调，并确保整个设计的一致性。统一界面中的主题、颜色配色方案、排版等元素至关重要，它们为图标设计提供了一个明确的方向和风格，便于用户更快捷地定位所需功能和信息。

### 4. 可定制与可扩展

在UI图标的设计过程中，可定制性和可扩展性是不可或缺的考量因素。用户依据个人偏好、需求及使用习惯对图标进行个性化调整和拓展，获得了更自然和舒适的用户体验。设计师应提供充足的自定义和扩展功能，增强界面的适应性和个性特色。

**5. 色彩与形状**

在设计UI图标时，必须依据既定的主题、品牌特色和其他相关要素选择合适的颜色和形状。例如，某品牌主题偏向于粉色系列，则图标的色调与外形也应呼应这一色彩基调。同时，选择的颜色和形状需迎合用户偏好与阅读习惯，避免使用过度鲜艳或繁复的色彩与形状。

# 3.5 图标设计的流程

UI图标设计是移动应用程序设计中至关重要的一环，它是实现视觉愉悦与用户友好界面的关键要素。UI图标的直观表达使用户迅速定位所需功能，从而优化了用户体验，并提升了应用的专业形象。

在承担图标设计任务之初，设计师应先深入了解客户需求，依据产品特性挑选合适的图标风格。为了避免视觉美感与实用性产生冲突，设计师需同时考虑图标的实用价值和审美要求。

## 3.5.1 确定设计样式

在设计UI图标之前，需先明确设计风格。设计师应先掌握线条粗细、阴影效果、光线影响等基本概念。根据应用程序或网站的特点，可以选择扁平化、简化、复杂化或像素化等不同的样式。每种样式都有其独特的设计风格，创造出一种特殊的品牌形象。选择适合的样式，可以有效提升UI图标的可读性。图3-19为单双形剪影图标，图3-20为线形图标。

图3-19　单双形剪影图标

图3-20　线形图标

## 3.5.2 确定UI图标颜色

在UI图标设计领域，颜色不仅是激发用户情绪的关键因素，也有助于用户迅速识别所需功能。颜色选择需与设计风格相协调，巧妙运用色板，并依据品牌特色来确定图标的配色方案。图3-21为白色渐变图标，图3-22为彩色渐变图标。

图3-21 白色渐变图标

图3-22 彩色渐变图标

### 3.5.3 绘制草图

在设计UI图标时，绘制草图是关键步骤。草图应简洁明了，主要描绘出图标的功能和意图，而无须纠结于细节。它应该能够准确地传达设计的核心理念，帮助设计师确定创作方向，确保设计工作更加高效。图3-23为UI图标的草图。

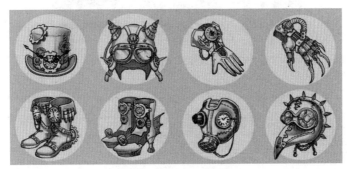

图3-23 UI图标的草图

### 3.5.4 数字化设计

在UI设计中，将手绘草图转为数字化的图标设计是一项关键步骤。这个转化过程不仅要求设计师具备良好的绘图技巧，还需要熟练掌握相关软件工具。

首先，通过扫描仪或相机将草图转化为数字格式，并确保图像清晰；然后，用设计软件导入草图，使用矢量工具描绘出图标的基本轮廓，确定图标的整体结构和形状；接着，细化线条和形状，调整粗细和细节，确保线条流畅且符合设计要求；最后，为图标选择合适的颜色和渐变效果。图3-24为UI图标。

### 3.5.5 测试UI图标

设计完成后，必须在实际环境中测试UI图标的效果，并根据用户反馈进行必要的调整。在测试阶段，必须验证UI图标是否满足应用程序或网站的要求，并且达到用户的预期。测试阶段应全面考虑各种场景，以确保UI图标在不同的屏幕尺寸和分辨率下正常显示。

需要注意，任何改进的操作都应该在测试结束后实施。

图3-24　UI图标

# 3.6　图标设计

## ☐ 项目一　线性风格图标设计

### ❖ 工作任务描述

某在线音频平台提供了便捷的搜索和浏览功能，用户能够轻松地找到想听的有声小说、音乐节目等资源。此外，平台还能根据用户的偏好来推荐内容。现在，需要为该平台设计一个线性风格的图标。

### ❖ 具体要求

（1）根据任务要求设计作品，在设计过程中保证作品以企业需求为导向、界面清晰、设计元素的风格保持一致。

（2）设计作品时，应考虑其所需展现的功能，并结合现实生活情境，选择最恰当的表现手法，确保设计有实际的支撑。

（3）设计作品的交付要求：手绘草图方案1份，主屏设计作品初稿文件1份，二稿作品修改文件1份，同一文件分别存储为PSD和JPG两种格式的文件。

### ❖ 项目导入

线条的粗细和颜色变化能有效地突出关键元素，吸引用户注意，并增强设计的视觉吸引力。线性图标作为UI设计中的一种常用符号，其特色在于简练、明了且易识别，常用于界面引导和提示。与传统的2D图标相比，更具现代感，倾向于扁平化风格，通过基础的几何形状、线框和色彩传递复杂的信息。图3-25为线性图标。

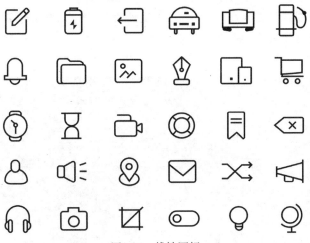

图3-25　线性图标

❖ **项目描述**

线性图标的设计风格主张简单和直接，力求用最简短的语言传达丰富的信息。这种设计风格使用户能够快速地获取和理解信息，以提高工作效率和用户体验。线性图标的设计风格借鉴了现代艺术和建筑设计的直接性和几何美感，更契合现代人的审美观点。图3-26为猫头鹰素材，如图3-27为线性图标效果图。

图3-26　猫头鹰素材

图3-27　线性图标效果图

❖ **项目剖析**

（1）图标尺寸：1 140×1 140 px。

（2）线性图标建立在线条的基础上，设计时必须保持线条宽度一致。

（3）线性图标设计需符合视觉规律，遵循人眼的视觉习惯，以便快速理解图标的含义。同时，还需考虑不同尺寸的显示效果，避免过于细小的线条和细节，以免在小尺寸下无法清晰展示。

（4）描绘猫头鹰的特征：以圆形作为基础，利用线条来描绘猫头鹰的面部轮廓；用两个大而圆的形状展现大眼睛；在面部的正中下方，使用三角形来描绘猫头鹰的鼻部和嘴，最后通过简洁的曲线和直线来刻画猫头鹰的羽毛。

❖ 操作步骤

**步骤 01** 打开Photoshop软件，执行"文件"→"新建"命令，弹出"新建"对话框，"名称"命名为"猫头鹰线性图标"，"宽度""高度"都设置为1 140 px，"分辨率"设置为72 ppi，"颜色模式"设置为"RGB颜色"，如图3-28所示。

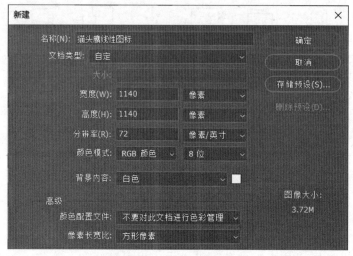

图3-28　"新建"对话框

**步骤 02** 执行"文件"→"打开"命令，打开"猫头鹰素材"文件，移至"猫头鹰线性图标"文档中，观察猫头鹰的体型特征，如图3-29所示。

**步骤 03** 绘制头部。

（1）绘制头部。选择"椭圆工具"，在工具选项栏中选择"形状"选项，"填充颜色"设置为#ffffff，"描边颜色"设置为#191919，"设置形状描边宽度"设置为30 px，按住Shift键绘制正圆形，如图3-30所示。修改图层名为"头部"。

图3-29　猫头鹰素材

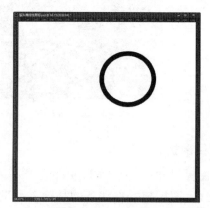

图3-30　绘制正圆形

（2）选择"头部"图层，执行"图层"→"复制图层"命令，复制"头部"图层，增加"头部拷贝"图层，选择"移动工具"，将"头部拷贝"图层移至左方，如图3-31所示。

（3）同时选中"头部"图层和"头部拷贝"图层，执行"图层"→"合并形状"命令，合并两个图层，如图3-32所示。

图3-31　复制图层

图3-32　合并图层

（4）选择"椭圆工具"，绘制头部中间位置的眼睛，参考 步骤 **03** 中的（1）设置参数，如图3-33所示。

（5）选择"椭圆工具"，在工具选项栏中设置"填充颜色"为#000000，在眼睛中间绘制眼珠，如图3-34所示。

图3-33　眼睛的绘制

图3-34　绘制眼珠

（6）选择"多边形工具"绘制鼻子，参考 步骤 **03** 中的（1）设置"填充颜色""描边选项"，在"描边选项"属性面板中设置"对齐"为"居中"、"端点"为"圆形"、"角点"为"圆形"，如图3-35所示。鼻子的基本形状如图3-36所示。

图3-35　眼睛的绘制

图3-36　鼻子的基本形状

（7）使用"路径选择工具"选中鼻子路径，选择"钢笔工具"添加1个锚点，如图3-37所示。选择"转换点工具"和"直接路径选择工具"调整鼻子的基本路径，如图3-38所示。

图3-37　鼻子添加锚点　　　　　　　　图3-38　调整鼻子的基本路径

**步骤 04**　绘制耳朵。

（1）选择"钢笔工具"，绘制耳朵的基本形状，在工具选项栏中选择"形状"选项，"填充颜色"设置为#ffffff，"描边颜色"设置为#191919，"设置形状描边宽度"设置为30 px。选择"转换点工具""直接路径选择工具"调整耳朵的路径，如图3-39所示。

（2）执行"图层"→"复制图层"命令，复制"耳朵"图层，得到"耳朵拷贝"图层。执行"编辑"→"自由变换"命令，单击鼠标右键，选择"水平翻转"命令，翻转后使用"移动工具"调整"耳朵拷贝"图层的位置，如图3-40所示。

图3-39　耳朵的基本形状　　　　　　图3-40　"耳朵拷贝"图层的编辑

**步骤 05**　创建头顶。选择"椭圆工具"，绘制椭圆，在工具选项栏中选择"形状"选项，"填充颜色"设置为#ffffff，"描边颜色"设置为#191919，"设置形状描边宽度"设置为30 px。头顶的效果如图3-41所示。

**步骤 06**　绘制身体。选择"椭圆工具"，绘制身体，执行"编辑"→"自由变换"命令，调整椭圆的大小。身体的效果如图3-42所示。

**步骤 07**　绘制翅膀。

（1）参考**步骤 04**中的（1），选择"钢笔工具"，绘制猫头鹰的翅膀，使用"转换点工具""直接路径选择工具"调整翅膀的路径，如图3-43所示。

图3-41　头顶的效果

图3-42　身体的效果

（2）参考 **步骤 04** 中的（2），复制翅膀图层，从而创建"翅膀拷贝"图层，执行"自由变换"命令，调整"翅膀拷贝"图层的位置，如图3-44所示。

图3-43　绘制翅膀

图3-44　调整"翅膀拷贝"图层

**步骤 08**　绘制翅膀。使用"钢笔工具""转换点工具""路径选择工具"绘制猫头鹰的爪子，"描边颜色"设置为#191919，"设置形状描边宽度"设置为30 px。参考 **步骤 04** 中的（2），复制爪子图层，增加"爪子拷贝"图层，执行"自由变换"命令，调整"爪子拷贝"图层的位置。图3-45为爪子的创建，图3-46为爪子的基本形状，图3-47为爪子的最终效果。

图3-45　爪子的创建

图3-46　爪子的基本形状

图3-47　爪子的最终效果

**步骤 09**　绘制身体的花纹。选择"椭圆工具"，绘制椭圆形，如图3-48所示；然后使用"直接选择工具"选择椭圆形上的锚点，如图3-49所示；接着按Delete键删除，如图3-50所示。参考 **步骤 04** 中的（2），复制多个图层，选择"移动工具"，调整拷贝图层的位置，如图3-51所示。

图3-48　绘制椭圆形

图3-49　选择椭圆形上的锚点

图3-50　删除锚点

图3-51　调整拷贝图层的位置

**步骤 10**　整理图层。

（1）使用"移动工具"选择图层面板，在图层名称上双击鼠标左键，修改图层名称，如图3-52所示。

图3-52　修改图层名称

（2）使用"移动工具"选择"右眼睛""右眼珠"图层，如图 3-53 所示，执行"图层"→"自由变换"命令，将图层编组，在图层组名称上双击鼠标左键，输入图层组名称，如图3-54所示。

| 图3-53 选择图层 | 图3-54 眼睛图层编组 |

（3）参考**步骤10**中的（2），对其他所有图层进行分类编组，如图3-55所示。

（4）使用"移动工具"选择所有组，执行"图层"→"对齐"→"水平居中"命令。猫头鹰线形图标的最终效果如图3-56所示。

| 图3-55 图层编组 | 图3-56 猫头鹰线形图标的最终效果 |

## 项目二　扁平化风格图标设计

### ❖工作任务描述

盼盼育儿启蒙早教APP可以有效开发孩子的智力和创造力，能够极大地锻炼幼儿的思维能力，可以让宝宝变得更加聪慧。现为盼盼育儿启蒙早教APP制作一个以熊猫为主题的扁平化风格图标。

### ❖项目要求

（1）根据任务要求完成作品，在设计过程中保证作品以企业需求为导向、界面清晰、设计元素的风格保持一致。

（2）设计作品时，应考虑其所需展现的功能，并结合现实生活情境，选择最恰当的表现手法，确保设计有实际的支撑。

（3）设计作品的交付要求：手绘草图方案1份，主屏设计作品初稿文件1份，二稿作品修改文件1份，同一文件分别存储为PSD和JPG两种格式的文件。

❖ **项目导入**

扁平化是一种流行的视觉设计趋势，它去除了过度装饰和不必要的复杂性，强调简洁、直观和现代感。这种设计风格以简化元素、明确的内容布局和直观的操作方式为特征，使得用户界面更加清晰易用，从而提升用户的体验。通过扁平化设计，用户界面变得更加易于理解和操作，有助于提升用户的整体满意度。图3-57为扁平化风格图标。

图3-57　扁平化风格图标

❖ **项目描述**

扁平化设计已经成为近几年UI设计领域的主导趋势，尤其在图标设计方面得到了广泛应用。扁平化设计是将复杂元素转化为简化的二维图形的设计风格，这种风格的设计比传统的图标更加简洁、清晰。扁平化设计的主要特点就是平面化、简洁化、色彩明亮，更容易吸引人们的注意力，有利于品牌或产品的推广。图3-58为熊猫素材，图3-59为扁平化图标的效果。

图3-58　熊猫素材　　　　　　　图3-59　扁平化图标的效果

❖ 项目剖析

（1）在进行扁平化图标设计时，要根据主题进行设计。

（2）在扁平化图标的设计过程中，图案要尽可能简化，通过去除非必要的细节，保留关键元素，以简洁的图形表达清晰的意图。

（3）在扁平化图标设计中，运用鲜艳的颜色可以增强图标的生动性，给人留下深刻印象。

❖ 操作步骤

**步骤 01** 开启Photoshop软件，执行"文件"→"新建"命令，弹出"新建"对话框，"名称"命名为"熊猫扁平化图标"，"宽度""高度"都设置为1 140 px，"分辨率"设置为72 ppi，"颜色模式"设置为"RGB颜色"，"背景内容"设置为"白色"，单击"确定"按钮，如图3-60所示。

**步骤 02** 选择"椭圆工具"，工具选项栏中选择"形状"选项，设置"填充颜色"为#78c8c8，按Shift键绘制正圆形，如图3-61所示。

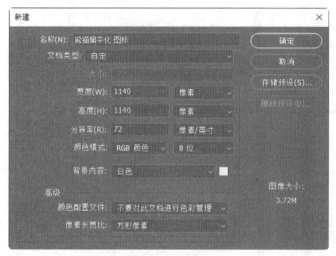

图3-60 "新建"对话框　　　　　　　　　图3-61 绘制正圆形

**步骤 03** 绘制熊猫的头部。选择"椭圆工具"，绘制椭圆形，"填充颜色"设置为#ffffff，如图3-62所示；然后选择"直接选择工具"，选择锚点，通过改变方向线的长度修改圆形的形状，如图3-63所示。

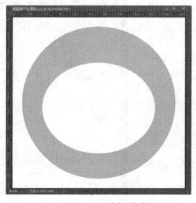

图3-62 脸的绘制　　　　　　　　　图3-63 修改脸的形状

**步骤 04** 绘制耳朵。

(1) 选择"圆角矩形工具",绘制圆角矩形,参数设置如图3-64所示,圆角矩形如图3-65所示;然后执行"编辑"→"自由变换"命令,在工具选项栏设置旋转值为40,如图3-66所示;接着选择"直接选择工具",调整耳朵的形状,如图3-67所示。

图3-64 设置圆角矩形属性

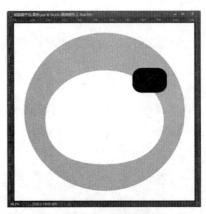

图3-65 创建圆角矩形

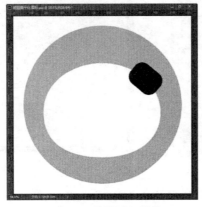

图3-66 旋转圆角矩形

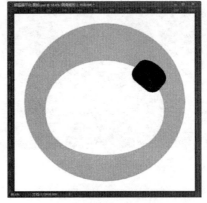

图3-67 调整圆角矩形

(2) 选中"耳朵"图层,执行"图层"→"复制图层"命令,复制"耳朵"图层,得到"耳朵拷贝"图层;然后执行"编辑"→"自由变换"命令,单击鼠标右键,选择"水平翻转"命令,再选择"移动工具",调整"耳朵拷贝"图层的位置,如图3-68所示。

**步骤 05** 绘制眼睛。

(1) 选择"钢笔工具",绘制眼睛轮廓,如图3-69所示;然后选择"直接选择工具""转换点工具",调整眼睛的基本形状,如图3-70所示。

图3-68 "耳朵拷贝"图层

图3-69　绘制眼睛轮廓

图3-70　调整眼睛的形状

（2）选择"圆形工具"，分别绘制黑色和白色两个圆形作为眼珠和眼球，如图3-71所示。

（3）选中"眼睛""眼球""眼珠"3个图层，参考 步骤 04 中的（2），复制并粘贴这3个图层，调整拷贝图层，效果如图3-72所示。

图3-71　绘制眼珠和眼球

图3-72　眼睛的最终效果

步骤 06　绘制鼻子。选择"钢笔工具"，绘制三角形，如图3-73所示；然后选择"直接选择工具""转换点工具"，调整鼻子的形状，如图3-74所示。鼻子的最终效果如图3-75所示。

图3-73　绘制三角形

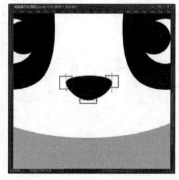
图3-74　调整鼻子基本形状

图3-75鼻子的最终效果

步骤 07　绘制嘴巴。选择"钢笔工具"，绘制嘴巴，"描边颜色"设置为#191919，"设置形状描边宽度"设置为30，设置"对齐"为"中间"、"端点"为"圆形"、"角点"为"圆形"，如图3-76所示。嘴巴的效果如图3-77所示。

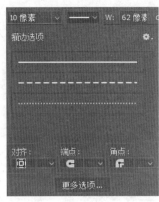

图3-76　设置形状描边选项

图3-77　嘴巴的效果

**步骤 08**　选择"圆形工具"，"填充颜色"设置为#ff0000，绘制两个圆形腮红，如图 3-78 所示；然后设置图层的"不透明度"为 30%，如图 3-79 所示。图 3-80 为腮红的最终效果。

图3-78　绘制腮红

图3-79　设置不透明度

图3-80　腮红的最终效果

**步骤 09**　参考项目一中的 **步骤 10**，整理图层。熊猫扁平化图标的最终效果如图 3-81 所示。

图3-81　熊猫扁平化图标的最终效果

## ☐ 项目三　MBE风格图标设计

MBE 风格源自线框型 Q 版卡通画，经过一定的演变而形成。这种设计采用了更大更粗的描边，与没有描边的扁平化风格相比，它去除了非必要的色块，使设计更简洁、通用和易识别。粗线条描边在界面上起到了绝对的隔绝作用，使内容突显，表现更加清晰，达到了化繁为简的效果。图3-82和图3-83为MBE风格图标。

图3-82　MBE风格图标——购物车　　　　图3-83　MBE风格图标——太阳、云朵

❖ 项目描述

　　MBE风格的图标强调简洁、扁平化的设计，同时采用鲜明的色彩和简约的几何形状。MBE风格图标通常具有清晰的线条和轮廓，以简单的图形元素呈现特定的概念或功能。这种图标风格在移动应用、网页设计和品牌标识中得到广泛应用，其简洁、直观的设计有助于提升用户体验和界面的可用性。图3-84为蛋糕素材，图3-85为MBE风格图标的效果图。

图3-84　蛋糕素材　　　　　　图3-85　MBE风格图标的效果图

❖ 工作任务描述

　　爱品客作为一家知名的西点品牌，专注于提供高品质、创新美味的糕点与甜点。为了迎合顾客的需求并保持竞争力，该品牌需要制作一个MBE风格图标。

❖ 具体要求

　　（1）根据任务要求设计作品，在设计过程中保证作品以企业需求为导向、界面清晰、设计元素的风格保持一致。

　　（2）设计作品时，应考虑其所需展现的功能，并结合现实生活情境，选择最恰当的表现手法，确保设计有实际的支撑。

　　（3）设计作品的交付要求：手绘草图方案1份，主屏设计作品初稿文件1份，二稿作品修改文件1份，同一文件分别存储为PSD和JPG两种格式的文件。

❖ 项目剖析

　　（1）断线处理和重色描边。MBE图标采用了粗重线条描边，但为了避免线条颜色过深而显得图形厚重，使用了非连续性的断线处理。这种方式能够创造出间隔的节奏感，有效打破了封闭沉闷的视觉感受。

（2）色块的偏移和细节装饰。MBE 图标除了断线描边外，最大特点是色块偏移，通过错位填色的方式来模拟物体的投影和高光。

（3）MBE 风格图标通常会采用"小圆点""小星星""小加号"作为装饰，点缀在主图周围。

❖ 操作步骤

**步骤 01** 开启 Photoshop 软件，执行"文件"→"新建"命令，弹出"新建"对话框，"名称"命名为"蛋糕 MBE 风格图标"，"宽度""高度"都设置为 1 140 px、"分辨率"设置为 72 ppi，"颜色模式"设置为"RGB 颜色"，"背景内容"设置为"白色"，如图 3-86 所示。

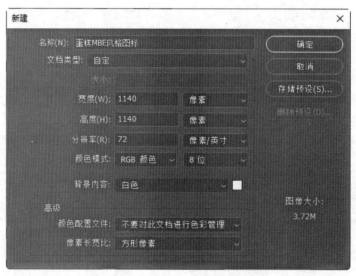

图3-86 设置新建文件参数

**步骤 02** 绘制蛋糕。

（1）选择"圆角矩形工具"，绘制蛋糕的基本形状；然后在工具选项栏中设置"描边颜色"为 #1e1e1e，"设置形状描边宽度"设置为 25 px；接着在"属性"面板中，设置"对齐"为"中间"、"端点"为"圆形"、"角点"为"圆形"，如图 3-87 所示。图 3-88 为圆角的效果。

图3-87 设置圆角矩形的属性

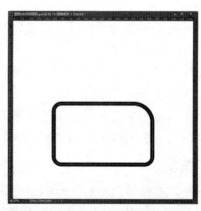

图3-88 圆角的效果

（2）选择"直接选择工具"，选中蛋糕的路径；然后选择"添加锚点工具"，添加多个锚点，如图3-89所示；接着选择"直接选择工具"，选中中间的锚点，按Delete键删除，如图3-90所示。

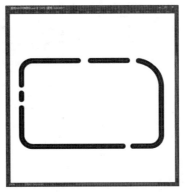

图3-89　添加锚点　　　　　　　　图3-90　删除中间锚点

（3）选择"圆角矩形工具"，绘制一个圆角矩形增加蛋糕立体感，参数如图3-91所示；然后在"属性"面板中设置"填充颜色"分别为#e1b9a5和#fae6d7，填充颜色的效果如图3-92所示。

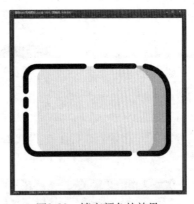

图3-91　设置圆角矩形参数　　　　　图3-92　填充颜色的效果

（4）选择"圆角矩形工具""椭圆工具"，绘制装饰花纹及高光，如图3-93所示。

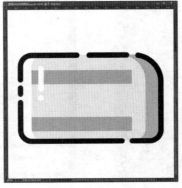

图3-93　高光的效果

（5）选择"椭圆工具"，绘制眼睛和腮红，如图3-94所示。

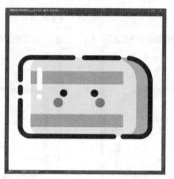

图3-94　绘制眼睛和腮红

（6）创建嘴巴。选择"椭圆工具"，按Shift键绘制正圆形，如图3-95所示；然后选择"直接选择工具"，选中上方的锚点并按Delete键删除，如图3-96和图3-97所示。

图3-95　绘制正圆形

图3-96　选择锚点

图3-97　删除锚点

**步骤 03**　绘制餐盘。

（1）参考**步骤 03**中的（1），选择"圆角矩形工具"，参数设置如图3-98所示，绘制餐盘的基本形状，如图3-99所示；然后选择"钢笔工具"，添加锚点，如图3-100所示；接着使用"直接选择工具"删除锚点，如图3-101所示。

图3-98　圆角矩形属性的设置

图3-99　餐盘基本形状

图3-100　添加锚点　　　　　　　　　图3-101　删除锚点

（2）参考 步骤02 中的（3），选择"圆角矩形工具"绘制圆角矩形并填充颜色，增加餐盘的立体感，如图3-102所示。

图3-102　餐盘的最终效果

步骤04　绘制草莓。

（1）选择"钢笔工具""直接选择工具""转换点工具"，绘制草莓的基本路径，如图3-103所示。参考 步骤03 中的（1），使用"钢笔工具"为草莓添加锚点，如图3-104所示；然后使用"直接选择工具"删除锚点，如图3-105所示。

图3-103　绘制草莓的路径　　　　图3-104　添加锚点　　　　图3-105　删除锚点

（2）选择"钢笔工具"，绘制不规则形状，制作草莓及草莓蒂，并填充颜色，"填充颜色"分别设置为#da3a60和#ae234a，如图3-106所示。

图3-106　制作草莓

**步骤 05** 制作装饰蛋糕用的糖条。选择"圆角矩形工具",绘制圆角矩形并填充颜色,"填充颜色"设置为#ff9eb0,如图3-107所示。

图3-107 制作糖条

**步骤 06** 参考**步骤 05**装饰蛋糕用的糖条,使用"圆角矩形工具""椭圆工具"绘制装饰图形,如图3-108所示。

图3-108 装饰图形

**步骤 07** 绘制烟花。

（1）选择"圆角矩形工具",绘制圆角矩形,如图3-109所示,修改图层名称为"烟花"。复制"烟花"图层,得到"烟花拷贝"图层,选择"移动工具",按住Shift键垂直移动"烟花拷贝"图层到"烟花"图形的下方,如图3-110所示。同时选中"烟花"和"烟花拷贝"图层,执行"图层"→"合并形状"命令,将两图层合并。

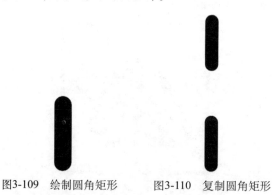

图3-109 绘制圆角矩形　　　图3-110 复制圆角矩形

（2）复制合并的烟花图层，执行"编辑"→"自由变换形状"命令，设置图层的旋转角度为45°，按Enter键确定，效果如图3-111所示；然后按"Ctrl+Shift+Alt+T"组合键，对图层进行复制和旋转，重复2次，如图3-112所示。

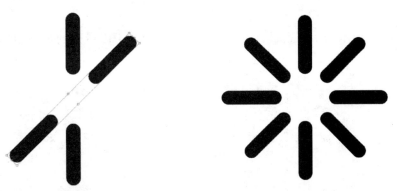

图3-111　设置旋转角度为45°　　　　　　　图3-112　烟花的效果

**步骤 08**　参考项目一中的**步骤 10**，整理图层。MBE风格图标的最终效果如图3-113所示。

图3-113　MBE风格图标的最终效果

## 本章总结

- 掌握图标设计制作的流程。
- 掌握图标设计的规范。
- 通过使用Photoshop软件，展现图标的质感和细节。

## 课后习题

### 1. 简答题

（1）简述图标的概念。

（2）简述图标、标志和标识三者的区别。

（3）简述UI图标设计的原则。

（4）简述图标设计的流程。

**2. 实操题**

根据图3-114所示的布丁素材，制作图3-115所示的MBE风格的布丁图标。

图3-114　布丁素材

图3-115　MBE风格的布丁图标

## 📑 学习目的

● 本章将深入探讨主题图标的设计，主要包括：主题图标的类别、主题图标的设计优势、设计时需考虑的背景因素、确定主题图标的定位以及主题图标从构思到完成的设计流程。通过本章的学习，读者将掌握如何运用简洁明了的图标代表各种功能、动作或信息，从而增强界面的直观性和用户友好度。

## 📑 学习内容

● 主题图标设计项目的定位。
● 主题图标设计项目的优势。
● 主题图标设计项目的背景。
● 主题图标设计项目设计过程分析。

## 📑 学习重点

● 如何分析项目需求。
● 设计主题图标。

## 📑 数字资源

● 【本章素材】："素材文件\第4章"目录下。

## 📑 效果欣赏

 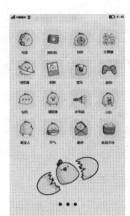 

第4章

手机主题图标设计

扫码观看视频

## 4.1　项目定位

为了适应当今快节奏的生活，众多手机制造商开始关注如何为用户提供多样化的手机主题设计，以满足他们的个性化需求。

为了满足用户对手机个性化装饰的愿望，手机制造商推出了不同风格的手机主题包。用户只需下载一个符合个人喜好的主题包，就能轻松地自定义待机画面、屏保、铃声以及界面布局和图标等元素，让手机展现出独特且吸引人的视觉风格。这样，用户在使用手机时不仅能感受到全新的沉浸式体验，还能摆脱以往单调乏味的操作界面、图片和色彩配置。

通过提供多样化的手机主题设计，手机制造商能够满足用户的个性化需求，并为他们带来愉悦的使用体验。无论是追求简约风格、可爱风格还是时尚风格，用户都能轻松找到适合自己的主题包，从而享受个性化主题所带来的乐趣。

手机主题的设计不仅是为了美化手机外观，更是为了提供用户一种个性化的体验。通过更换不同的主题，用户能够根据自己的喜好和心情来调整手机的外观和功能，从而更好地适应快节奏的生活。

图4-1　手机主题图标

主题图标可划分为两大类：系统图标及第三方应用图标。系统图标指代表手机内置功能的图标，如音乐播放器、短信、时钟及计算器等。第三方应用图标指除了系统默认图标以外的、用户自定义或由第三方提供的应用程序的图标，如京东、微信和滴滴出行等。图4-2为MIUI 12系统图标，图4-3为iOS系统图标，图4-4为第三方应用图标。

图4-2　MIUI 12系统图标

图4-3　iOS系统图标

图4-4　第三方应用图标

## 4.2　项目优势

本章主要介绍"小黄鸡"系列图标的设计，它主要具备以下几点优势。

### 1. 简洁直观

图标设计遵循简洁明了的原则，主要采用圆形、矩形等基础几何形状，易于辨识且直观表达其代表的功能或内容，体现了极简主义的设计哲学。用户观之即能迅速把握各图标的用途，无须附加文字说明，极大地优化了视觉感受并营造了良好的用户体验。

### 2. 创意新颖

"小黄鸡"主题图标设计独特，运用多元造型手法，展现创意十足的视觉感受。通过优化图形设计，为用户带来全新的视觉体验，进一步提升图标的辨识度。

### 3. 风格统一，细节精致

此套图标设计运用扁平化风格，展现简约且清晰的视觉效果，主要依赖非装饰性图形。图标摒弃渐变、阴影和3D等繁复的装饰效果，确保标志设计直观易懂。同时，通过微妙的立体处理，赋予图标空间感和层次感，达到简洁而不失深度的设计效果。

### 4. 色彩搭配合理

"小黄鸡"主题图标在色彩运用上打破常规，大胆采用撞色设计，并融入高纯度、高明度的色彩元素，从而丰富了视觉体验，营造出鲜明的色彩层次感。这一设计手法不仅彰显了作品的前卫与创新，还使图标更具吸引力和视觉冲击力。

## 4.3　素材选择

设计手机主题前，必须充分了解用户的审美偏好与操作习惯。素材的挑选对提升主题的整体效果至关重要，同时也决定了用户对主题的接受度与喜爱度。选取素材时，应综合考虑用户的需求、素材的版权、主题风格的统一性以及审美价值。通过精心筛选素材，主题设计更能展现出其魅力，从而获得更多用户的青睐。筛选素材时需注意以下几点。

### 1. 了解用户群的特性

挑选素材前，要深入掌握目标用户群体的偏好。不同的用户群有着各自独特的喜好与兴趣，这对手机主题的设计要求也呈现多样化。基于此，设计前必须对用户进行细致的研究，探究他们偏好的主题风格、颜色搭配以及图案设计等。通过调研，能够更精准地捕捉并满足用户在选择素材时的特定需求。

### 2. 选用高清素材

设计手机主题时，主题素材的清晰度至关重要。若主题素材分辨率低，将严重影响用户的体验。为确保主题的清晰度和更好的用户体验，应当选用高清的素材。

### 3. 保持主题的一致性

在挑选的过程中，必须考虑素材与主题之间的和谐性。构成主题的各要素应当互相呼应，色彩和风格亦需保持一致。若所选素材与主题不和谐，会导致主题呈现混乱，不仅影响视觉美感，还会降低对用户的吸引力。

### 4. 注意版权问题

在选择素材时需要注意素材的版权问题，避免侵权行为。一般，可以选择免费素材库或购买正版素材，确保素材的合法性和可靠性。

**5. 避免过度使用素材**

虽然素材可以使主题更加出彩，但是不能过度使用。过多的素材会让主题看起来杂乱无序，造成视觉上的混乱，损害了主题的美观与简洁性。因此，挑选素材时，应遵循简约而精致的设计原则，以彰显主题的高雅。图4-5为简约风格手机图标。

图4-5 简约风格手机图标

## 4.4 风格设定

在设计手机主题图标时，选取合适的设计风格对于彰显图标的独特性及提供用户个性化的交互体验至关重要。因此，设计师在构思过程中，必须深入考量欲表达的主题内涵、设计元素的应用以及色彩的搭配，并据此挑选适宜的设计风格，以期实现最优化的视觉表现。

随着现代科技的持续进步，移动智能设备已广泛普及，为人们提供了随时获取信息的能力，这无疑极大地丰富了人们的日常生活。社会文化与物质条件的极大富足，也引领着审美趋向的变化。去除了非必要的装饰细节后，简约而清晰、大气的扁平化设计风格日益受到用户的青睐，逐渐演化成设计领域内追求的一种新兴潮流。

在智能手机界面的主题图标设计领域，有诸多风格可供选择，其中扁平化设计是较为普遍的一种。扁平化设计由微软公司率先采纳，并应用于 Windows 8 操作系统的界面设计中。该风格摒弃了阴影、渐变等能赋予元素质感与空间感的设计手法，而是以简洁、精确至像素级别的图形构建为核心。此设计风格的主题图标显得更简约、温和，并且能够有效突出设计师想传递的视觉信息。

运用扁平化设计风格，使得用户界面更为洁净有序，给用户带来良好的操作体验。此种设计风格直接将信息与功能呈现在用户面前，有效降低了认知障碍的发生，且此方式契合用户的日常生活习惯，为用户提供了一种直观且高效的交互模式。图4-6为扁平化系统图标。

图4-6　扁平化系统图标

# 4.5 "小黄鸡"主题图标设计

## ❖ 工作任务描述

小黄鸡的形象源自一款富有趣味性的游戏，游戏内的小黄鸡角色被设计为一个能消愁解闷且能够进行交流的可爱机器人。其以讨人喜欢的形象出现，能赋予用户轻松愉悦的体验。鉴于此，客户提出了以小黄鸡为创意原型，要求设计一套与该款游戏相关联的主题图标。

## ❖ 具体要求

（1）根据任务要求设计作品，在设计过程中保证作品以企业需求为导向、界面清晰、设计元素的风格保持一致。

（2）设计作品时，应考虑其所需展现的功能，并结合现实生活情境，选择最恰当的表现手法，确保设计有实际的支撑。

（3）设计作品的交付要求：手绘草图方案1份，主题图标设计作品初稿文件3份，二稿作品修改文件3份，同一文件分别存储为 PSD 和 JPG 两种格式的文件。

图4-7为锁屏界面，图4-8为次屏界面，图4-9为通话界面。

图4-7　锁屏界面

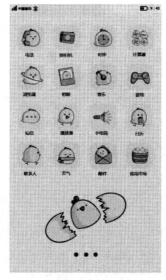

图4-8　次屏界面

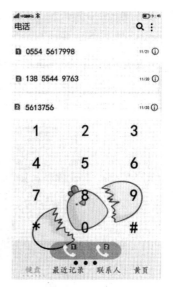

图4-9　通话界面

## ■ 项目一　"小黄鸡"主题图标 —— 音乐图标

### ❖ 项目导入

音乐符号通过刺激人们的听觉系统，激发出与生活情境相联系的情感反应及心理联想。在设计与音乐相关的图标时，通常采用与音乐或声音密切相关的视觉元素，如音符、谱号、各式乐器、音响设备、黑胶唱片以及声波图样等。图标的核心价值在于其识别度，必须拥有醒目的特征以提示用户关于主题功能或内容的信息。鉴于此，本项目选取耳机作为音乐图标的代表性形象，以展现其与音乐紧密关联的特质。

### ❖ 项目剖析

（1）图标尺寸：1 080 × 1 080 px。

（2）配色方案：为确保与"小黄鸡"的形象和谐一致，主要采用明黄色作为设计主色调。

（3）设计构思：将"小黄鸡"的形象与音乐元素进行创意性融合，通过抽象化图形的艺术手法，既展现了青春的活力，又显现出潮流的风貌。"小黄鸡"音乐图标的最终效果如图4-10所示。

图4-10　"小黄鸡"音乐图标

❖ 操作步骤

**步骤 01** 打开Photoshop，按Ctrl+N组合键，弹出"新建"对话框，"名称"命名为"小黄鸡音乐图标"，"宽度""高度"都设置为1 080 px，"分辨率"设置为72 ppi，"颜色模式"设置为"RGB颜色"，"背景内容"设置为"白色"，如图4-11所示。

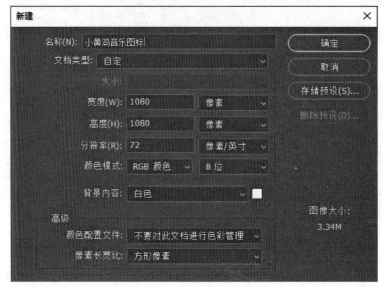

图4-11　"新建"对话框

**步骤 02** 绘制身体。选择"钢笔工具"，在上端的属性面板中选择"形状"选项，"填充颜色"设置为#ffed64，"描边颜色"设置为#5a4b3c，"设置形状描边宽度"设置为12 px，在绘图区绘制小鸡的身体，图层名称修改为"身体"。图4-12为绘制的身体。

**步骤 03** 制作眼睛。

（1）选择"椭圆工具"，按住Shift键绘制正圆形，将"填充颜色"设置为#5a4b3c；然后选择"移动工具"，将圆形移动到"身体"形状的右上角，并将图层名称修改为"眼睛"。图4-13为绘制的眼睛。

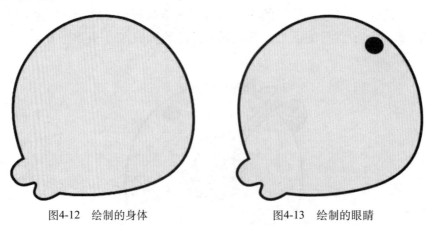

图4-12　绘制的身体　　　　　　　　图4-13　绘制的眼睛

（2）选中"眼睛"图层，按住鼠标左键，将其拖到"新建图层"按钮上，即可增加复制图层"眼睛拷贝"，将图层名称修改为"眼睛投影"。图4-14为创建的眼睛投影图层。

图4-14 创建的眼睛投影图层

（3）选中"眼睛投影"图层，"填充"颜色设置为#5a4b3c；然后选择"移动工具"，将"眼睛投影"移动到"眼睛"的左下方。为了让投影视觉效果更真实，选中"眼睛投影"图层，按住鼠标左键不放并移动鼠标，将其拖至"眼睛"图层的下方，如图4-15所示。

图4-15 眼睛整体视觉效果

**步骤 04** 制作鸡冠。

（1）选择"椭圆工具"，在上端的工具选项栏中选择"形状"选项，"填充颜色"设置为#ffa56a，"描边颜色"设置为#5a4b3c，"设置形状描边宽度"设置为12 px，在绘图区绘制椭圆形；然后执行"编辑"→"自由变换"命令，在上端的工具选项栏中设置"旋转"值为–45，图层名称修改为"鸡冠左"。图4-16为绘制的鸡冠。

（2）选择"钢笔工具"，在上端的属性面板中选择"形状"选项，"填充"颜色设置为#ff6b2b。在鸡冠的左下方绘制鸡冠的阴影部分，修改图层名称为"鸡冠左暗部"。图4-17为鸡冠左暗部。

图4-16　绘制的鸡冠

图4-17　鸡冠左暗部

（3）选中"鸡冠左暗部"图层，将其移至"鸡冠左"图层的上方，执行"图层"→"创建剪贴蒙版"命令，通过下方图层的形状来限制上方图层的显示状态。图4-18为图层位置。

图4-18　图层位置

（4）绘制鸡冠左高光部分。单击图层面板下方的"新建图层"按钮，在新图层名称上双击鼠标左键，将新图层的名称修改为"鸡冠左高光"；然后选择"画笔工具"，"前景色"设置为#ffffff，按住鼠标左键并拖动，绘制出鸡冠左高光的形状。图4-19为鸡冠左高光。

图4-19　鸡冠左高光

（5）参考"鸡冠左"的操作步骤，绘制"鸡冠中""鸡冠右"，制作完成后调整图层顺序。图4-20为鸡冠的整体效果。

图4-20 鸡冠的整体效果

（6）选中"鸡冠左""鸡冠中""鸡冠右"相关的所有图层，按"Ctrl+G"组合键，创建新组，将组名改为"鸡冠"。

**步骤 05** 制作小黄鸡音乐图标的耳机。

（1）选择"椭圆工具"，绘制椭圆形，"填充"颜色设置为#91c4f1，"描边颜色"设置为#5a4b3c，"设置形状描边宽度"设置为12 px，将图层名更改为"耳罩"。图4-21为绘制的耳罩。

（2）选择"耳罩"图层，按Ctrl+J组合键复制图层，然后执行"编辑"→"自由变换"命令，按Shift+Alt组合键成比例缩放复制的耳罩大小，如图4-22所示。

图4-21 绘制的耳罩        图4-22 复制耳罩

（3）选择"钢笔工具"，绘制"耳罩"阴影，"填充颜色"分别设置为#5a4b3c和#73b9ff；然后选择不规则形状，执行"图层"→"创建剪贴蒙版"命令，通过下方图层的形状来限制上方图层的显示状态。图4-23为耳罩阴影。

图4-23 耳罩阴影

（4）设置"前景色"为白色，选择"画笔工具"，绘制耳罩的高光形状，如图4-24所示。

（5）选择"钢笔工具"，绘制耳机弹力架，"填充颜色"设置为9bd0ff，"描边颜色"设置为#5a4b3c，"设置形状描边宽度"设置为12 px。绘制的耳机弹力架如图4-25所示。

图4-24 耳罩的高光

图4-25 耳机弹力架

（6）选择"钢笔工具"，绘制耳机弹力架的阴影部分，"填充颜色"设置为#5a4b3c，然后执行"图层"→"创建剪贴蒙版"命令，通过下方图层的形状来限制上方图层的显示状态。绘制的耳机弹力架阴影如图4-26所示。

（7）"前景色"设置为白色，选择"画笔工具"，绘制高光形状，如图4-27所示。

图4-26 耳机弹力架阴影

图4-27 耳机弹力架高光

（8）选择"多边形工具"，绘制三角形作为小鸡的嘴巴，"填充颜色"设置为#ffa569，"设置形状描边宽度"设置为12 px，"描边颜色"设置为#5a4b3c。创建的小鸡嘴巴如图4-28所示。

图4-28 创建的小鸡嘴巴

（9）选择"钢笔工具"，绘制小鸡嘴巴的阴影部分，"填充颜色"设置为 #ff692d；然后执行"图层"→"创建剪贴蒙版"命令，选择"小鸡嘴巴"图层和"小鸡嘴巴阴影"图层，移动到"身体"图层的下方。图 4-29 为小鸡嘴巴的效果。

图4-29　小鸡嘴巴的效果

**步骤 06**　制作身体的阴影。选择"钢笔工具"，绘制身体的阴影部分，"填充颜色"设置为 #ffdc28。将"身体阴影"图层移动到"身体"图层的上方，执行"图层"→"创建剪贴蒙版"命令，通过下方图层的形状来限制上方图层的显示状态。图 4-30 为创建的身体阴影。

**步骤 07**　制作高光。"前景色"设置为白色，选择"画笔工具"，绘制高光形状。小黄鸡音乐图标的最终效果如图 4-31 所示。

图4-30　创建的身体阴影　　　　图4-31　小黄鸡音乐图标的最终效果

## 📖 项目二　"小黄鸡"主题图标 ——电话图标

### ❖ 项目导入

电话图标是一种常见的界面元素，用于表示与通信相关的功能。它是一种视觉符号，用户可以通过点击或触碰该图标拨号或与其他人进行语音通信。

### ❖ 项目剖析

（1）图标尺寸：1 080×1 080 px。

（2）色彩：依据企业品牌形象，挑选醒目的颜色凸显图标。

（3）以电话听筒为原型，将电话形态抽象并简化为基本的几何形状。在色彩搭配上，使用鲜明的蓝色增加视觉吸引力，使其与产品或应用程序的整体风格相融合，满足用户的期望。小黄鸡电话图标的最终效果如图4-32所示。

图4-32　小黄鸡电话图标的最终效果

❖ 操作步骤

**步骤 01**　开启 Photoshop 软件，按 Ctrl+N 组合键，弹出"新建"对话框，"名称"命名为"小黄鸡电话图标"，"宽度""高度"都设置为 1 080 px，"分辨率"设置为 72 ppi，"颜色模式"设置为"RGB 颜色"，"背景内容"设置为"白色"，如图4-33所示。

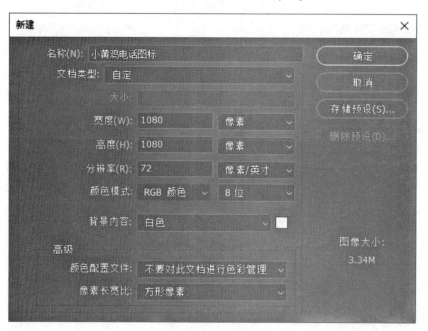

图4-33　"新建"对话框

**步骤 02**　绘制身体。选择"钢笔工具"绘制身体，"填充颜色"设置为#ffed64，"描边颜色"设置为#5a4b3c，"设置形状描边宽度"设置为 12 px，图层名称修改为"身体"。图 4-34 为绘制的身体。

**步骤 03**　制作鸡冠。参照项目一中的 **步骤 04**，创建小黄鸡电话图标的鸡冠部分。图 4-35 为绘制的鸡冠。

图4-34　绘制的身体　　　　　　　　　图4-35　绘制的鸡冠

**步骤 04**　制作眼睛。

（1）绘制眼睛。选择"钢笔工具"绘制曲线路径，"描边颜色"设置为#5a4b3c，"设置形状描边宽度"设置为12 px，"端点"设置为"圆形"，如图4-36所示。图4-37为绘制的眼睛。

图4-36　"设置形状描边宽度"的设置　　　　　　图4-37　绘制的眼睛

（2）绘制眼睛阴影。选择"钢笔工具"绘制眼睛阴影，设置"描边颜色"为#ffdc28、"设置形状描边宽度"为12 px、"端点"为"圆形"。图4-38为绘制的眼睛阴影。

（3）同时选中"眼睛"图层和"眼睛阴影"图层，按Ctrl+J组合键复制图层并移动到右方。图4-39为绘制的右眼。

图4-38　绘制的眼睛阴影　　　　　　　图4-39　绘制的右眼

**步骤 05** 制作嘴巴。

（1）选择"多边形工具"，绘制三角形，"填充颜色"设置为#ffa36a，"设置形状描边宽度"设置为 12 px，"描边颜色"设置为#5a4b3c。

（2）按Ctrl+J组合键复制嘴巴，在属性栏中设置"填充颜色"为#ffdc28，将复制的图层放在嘴巴图层的下方，如图4-40所示。

图4-40　眼睛阴影的绘制

**步骤 06** 绘制电话。

（1）选择"钢笔工具""直接选择工具""转换点工具"，绘制电话形状，"填充颜色"设置为#acd8ff，"设置形状描边宽度"设置为 12 px，"描边颜色"设置为#5a4b3c，如图 4-41 所示。

图4-41　绘制的电话

（2）绘制电话的暗部。选择"钢笔工具"，绘制电话暗部形状，"填充颜色"设置为#74b7ff；然后执行"图层"→"创建剪贴蒙版"命令，通过下方"电话"图层的形状来限制上方"暗部"图层的显示效果，如图4-42所示。

（3）绘制电话投影。选择"钢笔工具"绘制电话投影，"填充颜色"分别设置为#ffdc28和#ffcc0f，如图 4-43 所示。

图4-42　绘制的电话暗部　　　　　　　图4-43　绘制电话投影

**步骤 07** 选择"钢笔工具"绘制手,"填充颜色"设置为#ffdc28,"设置形状描边宽度"设置为12 px,"描边颜色"设置为#5a4b3c。小黄鸡电话图标的最终效果如图4-44所示。

图4-44 小黄鸡电话图标的最终效果

## 项目三 "小黄鸡"主题图标——短信图标

### ❖ 项目导入

短信图标通常是指手机界面上用于表示短信应用的图形标志。每部手机都会有一个短信应用的图标,这个图标的设计会因手机品牌而异,但目的都是方便用户快速找到并使用短信功能。

### ❖ 项目剖析

(1)图标尺寸:1 080×1 080 px。

(2)色彩:选择醒目的色彩,以增强图标的辨识度和关注度。

(3)以聊天软件内常见的泡泡形状作为设计原型,提高用户的辨识度和使用体验。小黄鸡短信图标的最终效果如图4-45所示。

图4-45 小黄鸡短信图标

### ❖ 操作步骤

**步骤 01** 启动Photoshop软件,按Ctrl+N组合键,弹出"新建"对话框,"名称"命名为"小黄鸡短信图标","宽度""高度"都设置为1 080 px,"分辨率"设置为72 ppi,"颜色模式"设置为"RGB颜色","背景内容"设置为"白色",如图4-46所示。

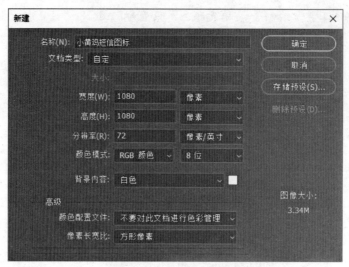

图4-46　"新建"对话框

**步骤 02**　绘制身体的轮廓。

（1）选择"钢笔工具"绘制身体，"填充颜色"设置为#ffed64，"描边颜色"设置为#5a4b3c，"设置形状描边宽度"设置为 12 px，如图 4-47 所示。

图4-47　绘制身体

（2）选择"钢笔工具"绘制身体暗部，"填充颜色"设置为#ffdc28；然后执行"图层"→"创建剪贴蒙版"命令，通过下方"身体"图层的形状来限制上方"暗部"图层的显示效果，如图 4-48 所示。

图4-48　绘制身体暗部

（3）制作身体的高光。选择"画笔工具"绘制高光，"前景色"设置为白色。高光效果如图 4-49 所示。

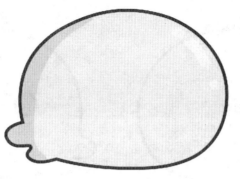

图4-49 高光效果

**步骤 03** 制作鸡冠。参考项目一中的**步骤 04**制作小黄鸡短信图标的鸡冠。鸡冠效果如图4-50所示。

图4-50 鸡冠的效果

**步骤 04** 制作信息图标。

（1）选择"椭圆工具"，按住Shift键绘制正圆形，"填充颜色"设置为#74b7ff，"描边颜色"设置为#5a4b3c，"设置形状描边宽度"设置为12 px，如图4-51所示。

（2）选择"钢笔工具"绘制圆形暗部，"填充颜色"设置为#74b7ff；然后执行"图层"→"创建剪贴蒙版"命令，通过下方"圆形"图层的形状来限制上方"暗部"图层的显示效果，如图4-52所示。

图4-51 绘制圆形

图4-52 绘制圆形暗部

（3）选择"画笔工具"，绘制高光，"前景色"设置为白色，如图4-53所示。

（4）同时选中"圆形"图层、"圆形暗部"图层和"高光"图层，按Ctrl+J组合键复制图层，并移至相应的位置，短信图标的最终效果如图4-54所示。

图4-53　绘制高光　　　　　　　　图4-54　短信图标的最终效果

小鸡系列的计算图标、联系人图标、视频图标、天气图标、手电筒图标和照相机图标的效果图分别如图4-55～图4-60所示。

图4-55　计算图标　　　　　　图4-56　联系人图标　　　　　　图4-57　视频图标

图4-58　天气图标　　　　　　图4-59　手电筒图标　　　　　　图4-60　照相机图标

## 本章总结

- 掌握图标设计和制作的全过程。
- 掌握图标设计的规范。
- 应用 Photoshop 软件展现图标的精度与质感。

## 课后习题

### 1. 简答题

（1）简述图标主题有哪些类型及每种类型的特点。

（2）简述设计主题图标时，素材应遵循的设计规范。

### 2. 实操题

参考图4-61和图4-62创建计算器和手电筒的图标。

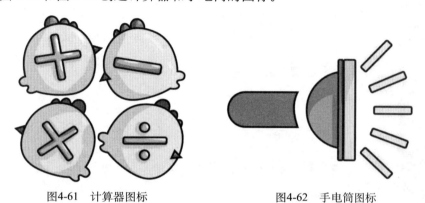 

图4-61　计算器图标　　　　　　　图4-62　手电筒图标

扫码获取

☑ AI智能辅导
☑ 配套资源
☑ 精品课程
☑ 进阶训练

# 第5章

# 阅读类 APP 设计

扫码观看视频

## 学习目的

● 本章将讲解如何设计阅读类 APP，涵盖项目定位、优势、功能概览、背景及设计步骤等。这将帮助读者深入把握用户需求，满足阅读需求，提高用户的体验感和满意度。

## 学习内容

● 阅读类 APP 的设计要求。
● 阅读类 APP 界面的设计流程。

## 学习重点

● 如何解析项目需求。

## 数字资源

● 【本章素材】："素材文件\第5章"目录下。

## 效果欣赏

# 5.1 项目定位

随着移动互联网技术的迅猛发展，人们的阅读方式正发生着深刻的变革。传统的纸质媒介越来越多地被移动阅读APP所取代。这些APP可以让用户在任意短暂的空闲时间进行数字阅读，它们汇聚了多种类别的阅读资源，满足不同用户的多样化阅读偏好。这让用户能利用零星的时间高效地获取信息及知识，丰富自己的内涵。

"绿蝶文学"APP是集阅读、学习、娱乐为一体的移动APP，覆盖了新闻资讯、小说故事、杂志刊物、科学技术、历史知识及文化艺术等多个领域。该APP通过音频讲解、视频展示和图文并茂的形式，对各类阅读资源进行深度剖析，以满足各类读者的不同喜好。用户借助手机等便携设备，能在任何地点沉浸于文字的世界。另外，APP内的社交功能允许用户分享读后感，互相交流心得，这不仅增强了社区的互动性，也提升了用户的参与度和整体体验。

# 5.2 项目优势

"绿蝶文学"APP主要有以下几个方面的优势。

### 1. 引领品质阅读

"绿蝶文学"APP致力于打造一个高品质的阅读空间。它不仅精心挑选阅读内容，还注重优化用户的阅读体验。通过该APP促进文化的传播与交流，同时提升个人的文学素养和审美能力。

在信息爆炸的时代，品质阅读成了一种稀缺且珍贵的精神食粮。"绿蝶文学"APP以其独特的视角和丰富的内容，引领着一场品质阅读的革命。它不仅仅是一个阅读平台，更是一个知识与智慧的宝库。从文学作品到前沿科技资讯，从历史深处的探索到现代文化的洞察，确保用户在每一次翻阅中都能获得心灵的滋养和思想的启发。

"绿蝶文学"APP不仅满足了用户对高质量阅读资源的需求，还通过互动功能，激发读者之间的思想碰撞和情感交流，使得阅读不再是孤独的个体体验，而是一场集体的智慧之旅。互动性和参与度的提升，不仅增强了用户的归属感，也促进了知识的共享和智慧的传承。

### 2. 精准定位目标用户

"绿蝶文学"APP提供了丰富的阅读作品，既包括国内外的经典佳作，也包含热门影视制作同步推出的图书，为读者提供了丰富的阅读资源。

在有声读物区，各种优质课程也一应俱全，满足了职场中锐意进取的年轻人的需求。"绿蝶文学"APP将自身打造成了一个适宜各个年龄层的阅读平台。

## 5.3 项目思维导图

针对绿蝶文学APP的特点，该APP包含启动屏幕、引导画面、登录与注册界面、社区广场、藏书库、分类浏览、个人中心、阅读记录、个人经历、私人书架等多个页面。利用思维导图工具可以对这些关键特性进行梳理和深入分析，以明确设计方向。图5-1为绿蝶文学APP的思维导图。

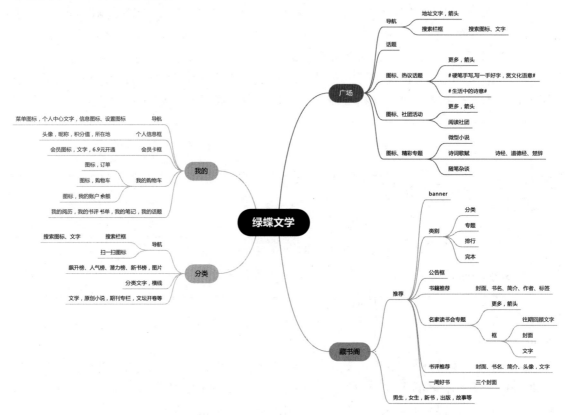

图5-1　绿蝶文学APP的思维导图

## 5.4 项目功能

"绿蝶文学"APP作为一款综合性的阅读应用，满足了不同用户的多元化需求。以下是该APP的主要功能。

（1）阅读界面：提供了一个清晰简洁的阅读界面，用户可以设置易于辨识的字体、字号和背景色调，以适应不同用户的阅读习惯。此外，该应用还兼容多种文件格式，确保用户能够无障碍阅读各种类型的文档。

（2）免费阅读资源：通过APP畅享丰富的免费阅读资源。无论是新闻、小说、期刊，还是其他类型的文章，用户都可随意阅读，无须额外付费。

（3）搜索功能：该APP配备了强大的在线检索功能，帮助用户迅速查找到需要的信息，从而提升整体的阅读体验。

（4）内容分类：根据读者的个性化需求提供定制化书单，呈现多样化的阅读形式。

（5）社交互动：不仅提供了阅读功能，还鼓励用户分享读后感，通过评论交流和社区互动与其他读者进行沟通。这种社交互动增添了阅读的乐趣，同时也可吸引更多的读者参与。

（6）书籍推荐：基于用户的阅读历史，智能推荐相似类型且评价优秀的书籍。这种个性化的推荐功能可帮助用户发现更多有趣的读物，丰富他们的阅读选择。

（7）订阅服务：通过订阅感兴趣的栏目或频道，系统会自动推送相关内容，减少搜寻的时间。订阅服务让用户能够及时获取感兴趣的内容。

（8）用户账号管理：支持用户注册和登录，以便保存阅读进度、个人偏好等信息。

# 5.5 项目原型图

## 5.5.1 原型图

原型图是一种沟通工具，是产品设计成型之前的基本框架，通过页面组件和基本元素展示布局。它不仅包括排版设计，还涉及功能键的交互特性，进而让产品的初步构思通过更为直观的形式展现出来。

企业计划开发一款新的应用程序，如果缺乏在互联网行业的经验，即便已经与设计团队沟通了需求，也难以准确想象出产品最终的样子。在这种情况下，原型图的作用就显得尤为重要。它可以直观地展示应用的界面布局、每个功能按钮的作用以及它们之间的互动方式。通过原型图，企业能够直观地认识产品的架构和操作流程，进而获得一种近乎真实的应用体验。创建原型图常用的工具包括Axure RP、墨刀、Sketch、Adobe XD等。

## 5.5.2 "绿蝶文学"APP原型图

### 1. 启动页

启动页是应用程序在每次初次启动时向用户展示的短暂界面，目的是减轻用户等待应用加载时的焦躁感。此界面通常包含应用的名称、图标和标语，设计上追求简洁明了，以加深用户对品牌的印象。启动页色彩和设计风格应与应用的整体界面设计相协调，以便用户对应用的视觉风格有个初步的了解。图5-2为启动页。

### 2. 引导页

引导页面通常分为4种类型：品牌介绍、广告宣传、活动推广和内容展示。图5-3为引导页。

图5-2 启动页 　　　　　　　　　　图5-3 引导页

### 3. 登录和注册页

登录和注册页面是应用中至关重要的组成部分，它们允许用户创建和管理自己的账户。这两个界面对于任何产品来说都是基础配置，并且是进入APP的必经之路。登录页一般包括品牌标志、登录选项、验证码输入框、密码输入框、找回密码链接、登录按钮、注册按钮以及第三方账号登录等要素；而注册页则通常包含注册流程、设置密码、获取和输入验证码、接受注册条款等要素。图5-4为登录和注册页。

图5-4 登录和注册页

### 4. "广场"页

通过对用户和市场进行深入的研究和分析，可以总结出"绿蝶文学"APP的核心特色。吸引更多用户深度阅读，积极参与评论交流，并构建一个推荐机制。图5-5为"广场"页。

### 5. "藏书阁"页

依据用户的阅读偏好推荐热门书籍、书评和排行榜等，以吸引用户阅读并为他们提供舒适的阅读体验。图5-6为"藏书阁"页。

图5-5 "广场"页

图5-6 "藏书阁"页

## 6. "分类"页

读者对阅读内容的需求各异,"绿蝶文学"APP为读者提供了个性化的内容分类,以满足多样化的阅读需求。图5-7为"分类"页。

## 7. "我的"页

"我的"页设有个人资料定制功能,以及购物车、阅读历程、笔记和讨论区等版块,构建用户专属的阅读社区。同时,"我的"页还支持将个人数据同步至各大社交媒体,实现作品的实时共享。图5-8为"我的"页。

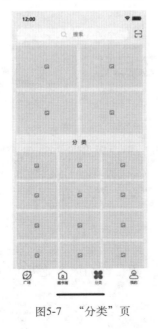

图5-7 "分类"页

图5-8 "我的"页

扫码获取
☑ AI智能辅导
☑ 配套资源
☑ 精品课程
☑ 进阶训练

### 8."阅读历史"页

用户可以全面掌握自己的阅读概况和阅读数据，包括阅读量、阅读时长、连续阅读的天数、阅读的书籍数量、日均阅读时长、笔记记录数以及偏好的阅读类型等。图5-9为"阅读历史"页。

### 9."我的书架"页

"我的书架"页为用户提供了分享与收藏心仪书籍资料的功能，且用户能自行设定书架布局，让用户有更好的使用体验。图5-10为"我的书架"页。

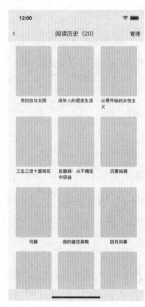

图5-9　"阅读历史"页　　　　　图5-10　"我的书架"页

## 5.6 "绿蝶文学"APP项目设计

#### ❖ 工作任务描述

"绿蝶文学"APP是一款集合了图书、杂志、小说以及新闻资讯等丰富内容的应用程序，为用户提供了定制化的阅读体验。通过这款应用，用户可以随时获取高质量的读物。为了树立品牌形象并提升阅读品质，现需要为"绿蝶文学"APP设计一套新的启动图标和主界面。

#### ❖ 具体要求

（1）根据任务要求设计作品，在设计过程中保证作品以企业需求为导向、界面清晰、设计元素风格保持一致。

（2）设计作品时，应考虑需展现的功能，并结合现实生活情境，选择最恰当的表现手法，确保设计有实际的支撑。

（3）设计作品的交付要求：手绘草图方案1份，"广场"页原型图一份，"藏书阁"页原型图一份，"分类"页原型图一份，"我的"页原型图一份；主屏设计作品初稿文件4份，二稿作品修改文件4份，同一文件分别存储为PSD和JPG两种格式的文件。

## 项目一 "绿蝶文学"APP——启动图标

### ❖ 项目导入

启动图标即应用程序的标志，为用户对APP的初步感知，既充当APP标识又作为启动按钮，是企业品牌的象征。

### ❖ 项目剖析

（1）启动图标尺寸：1 024×1 024 px。

（2）色彩：为了与APP主题相符合，选取青绿色为主色调。

（3）以书籍为设计灵感，利用点、线、面的构成，营造浓郁的学术氛围，充分呈现阅读应用的品牌特质，引导用户探索知识的力量。启动图标的最终效果如图5-11所示。

图5-11 启动图标的最终效果

### ❖ 操作步骤

**步骤 01** 开启 Photoshop，按 Ctrl+N 组合键，弹出"新建"对话框，"名称"命名为"绿蝶文学启动图标"，"宽度""高度"都设置为1 024 px，"分辨率"设置为72 ppi，"颜色模式"设置为"RGB颜色"，"背景内容"设置为"白色"，如图5-12所示。

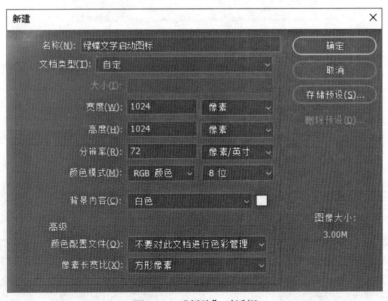

图5-12 "新建"对话框

**步骤 02** 单击"确定"按钮，弹出工作画布，选择"圆角矩形工具"，按住Shift键绘制圆角矩形，"填充颜色"分别设置为#6cc7cc、#0a9a9b，将图层命名为"底图"，如图5-13所示。

图5-13 创建圆角矩形

**步骤 03** 制作图标主体。选择"钢笔工具",在工具选项栏中选择"形状"选项,在工作画布中绘制不规则形状,图层名称改为"图标左",如图5-14所示。

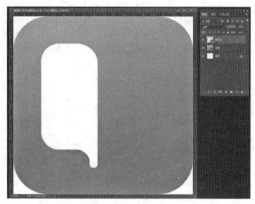

图5-14 绘制不规则形状

**步骤 04** 选择"椭圆工具",在工具选项栏中单击"路径操作"按钮,在弹出的下拉列表框中选择"排除重叠形状"命令,如图5-15所示。确认当前编辑图层为"图标左"图层,在其图层上绘制一个较小的正圆形,如图5-16所示。

□ 新建图层
🖺 合并形状
🖺 减去顶层形状
🖺 与形状区域相交
✓ 🖺 排除重叠形状
🖺 合并形状组件

图5-15 "排除重叠形状"命令

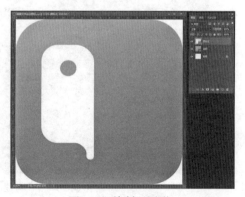

图5-16 绘制正圆形

**步骤 05** 选择图层"图标左",按住鼠标左键将其拖到"新建图层"按钮上复制一个新图层,将图层名改为"图标右",如图5-17所示。

图5-17 "图标右"图层

**步骤 06** 按Ctrl＋T组合键，对"图标右"图层进行自由变换的操作，单击鼠标右键弹出级联菜单，选择"水平翻转"命令，效果如图5-18所示，翻转后移动到合适的位置。启动图标的最终效果如图5-19所示。

图5-18 水平翻转　　　图5-19 启动图标的最终效果

## ▢ 项目二 "绿蝶文学"APP —— "广场"页

### ❖ 项目导入

"广场"页面作为"绿蝶文学"APP的核心界面，展示了应用的关键特性，并凸显了最常使用的功能，为用户提供了优质的体验。

### ❖ 项目剖析

基于"绿蝶文学"APP的"广场"页面原型，对页面进行设计和构建。页面结构从上到下依次为导航栏、类别、热议话题、社团活动和精彩专题等模块。整体设计充分考虑了用户的使用习惯和需求，通过合理的布局和对需求的精准捕捉来满足用户，并结合应用的功能特性来设计界面。图5-20为"广场"页原型图，图5-21为"广场"页最终效果。

图5-20 "广场"页原型图 　　图5-21 "广场"页最终效果

　　导航、类别、热议话题、社团活动、精彩专题和标签栏各部分的相关参数设置如表5-1所示。

表5-1 "广场"页相关参数设置

| 项目结构 | 参数设置 |
|---|---|
| 导航栏 | 定位："字体"为"苹方"，"字号"为32点，"文本颜色"为#lelele，图标尺寸为16×9 px，"填充颜色"为#lelele<br>搜索框：尺寸为550×42 px，"半径"为20 px，"填充颜色"为#ffffff<br>搜索放大镜图标：尺寸为24×24 px<br>搜索框中的文字："字体"为"苹方"，"字号"为24点，"文本颜色"为#99999 |
| 类别 | 圆形尺寸为30×30 px<br>类别名称："字体"为"苹方"，"字号"为20点，"文本颜色"为#333333 |
| 热议话题 | 图标：尺寸为30×30 px<br>一级标题："字体"为"苹方"，"字号"为30点，"文本颜色"为#lelele<br>二级标题："字体"为"苹方"，"字号"为24点，"文本颜色"为#333333<br>帖子："字体"为"苹方"，"字号"为20点，"文本颜色"为#999999 |
| 社团活动 | 图标：尺寸为30×30 px<br>一级标题："字体"为"苹方"，"字号"为30点，"文本颜色"为#lelele<br>圆角矩形：尺寸为680×160 px，"半径"为10 px<br>其他内容的文字："字体"为"苹方"，"字号"为20点，"文本颜色"为#999999 |

| 项目结构 | 参数设置 |
|---|---|
| 精彩专题 | 图标：尺寸为 30×30 px<br>一级标题："字体"为"苹方"，"字号"为30点，"文本颜色"为#1e1e1e<br>选项区域：灰色圆角矩形尺寸为 540×50 px，"半径"为25 px<br>诗词歌赋："字体"为"苹方"，"字号"为22点，"文本颜色"为#333333<br>白色圆角矩形：尺寸为 180×44 px，"半径"为20 px<br>文字"诗经"："字体"为"苹方"，"字号"为20点，"文本颜色"为#333333 |
| 标签栏 | 图标：尺寸为 48×48 px，填充颜色分别为#666666与#00bec8<br>文字："字体"为"苹方"，"字号"为20点，"文本颜色"为#666666 |

❖ **操作步骤**

**步骤 01**　开启 Photoshop 软件，按 Ctrl+N 组合键，弹出"新建"对话框，"名称"命名为"广场页"，"宽度"设置为 750 px，"高度"设置为 1 624 px，"分辨率"设置为 72 ppi，"颜色模式"设置为"RGB 颜色"，"背景内容"设置为"白色"，如图 5-22 所示。

**步骤 02**　按照 iOS 平台的界面尺寸要求（参考第 2 章中"UI 设计的尺寸规范"），执行"视图"→"新建参考线"命令，分别建立状态栏、导航栏、标签栏、边距的辅助线，如图 5-23 所示。

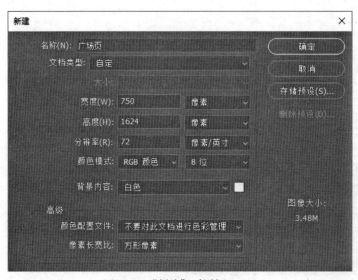

图5-22　"新建"对话框

图5-23　建立辅助线

**步骤 03** "前景色"设置为#f2f2f2，填充背景图层，如图5-24所示。将WiFi图标、电池图标等素材放入新建的文件中，点击图层面板下方的"创建新组"按钮，将"组名"改为"状态栏"。

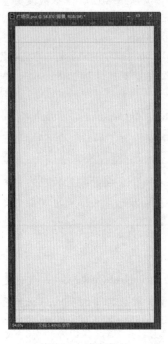

图5-24　填充背景

**步骤 04** 编辑导航栏。

（1）选择"横排文字工具"，输入"定位城市"相关的文字，然后将文字与左边距辅助线对齐。

（2）选择"钢笔工具"，绘制下拉箭头形状，在工具选项栏中选择"形状"选项，单击"填充"，选择"无颜色"按钮，"设置形状描边宽度"设置为2 px，"描边颜色"设置为#1e1e1e。单击"设置形状描边类型"按钮，在弹出的下拉列表框中单击"端点"的下拉按钮，选择"圆形"，如图5-25所示。将图层名改为"箭头"。

图5-25　设置形状描边类型

（3）绘制搜索框。选择"圆角矩形工具"，绘制圆角矩形，尺寸为 550×42 px，圆角半径为 20 px，颜色设置为 #ffffff，如图 5-26 所示，图层名改为"搜索框"。选择"钢笔工具"，绘制搜索图标，尺寸为 24×24 px，"描边颜色"设置为 #999999，如图 5-27 所示，图层名改为"搜索图标"。选择"横排文字工具"，输入"话题""广场搜索"等关键词，设置"字体"为"苹方"、"字号"为 32 点、"文本颜色"为 #999999，如图 5-28 所示。图 5-29 为搜索框的整体效果。

图5-26　搜索框
图5-27　搜索图标

图5-28　搜索文字

图5-29　搜索框的整体效果

（4）选择"矩形选框工具"，创建 750×88 px 的矩形选区（参考导航栏的区域），选中"定位""箭头""搜索框""搜索图标""搜索框" 5 个图层，选中"移动工具"，单击"垂直居中对齐"按钮，将选中的图层水平居中并对齐到导航栏的中间。单击"图层"面板下方的"创建新组"按钮，将组名改为"导航栏"，将选中的图层拖入该组中，如图 5-30 所示。

图5-30　导航栏编组

**步骤 05** 创建分类图标区域。

（1）选择"椭圆工具"，按住 Shift 键绘制正圆形，与左边距对齐，将图层名改为"分类 1"。选择"横排文字工具"，在圆形下方输入"综影视"，如图 5-31 所示。

图5-31　绘制分类1

（2）选择"移动工具"，按住Ctrl键，选中图层"分类1""综影视"，然后按Ctrl+G组合键，将两个图层创建新组，将组名改为"分类1"，如图5-32所示。

（3）选中"分类1"组，按住鼠标左键将其拖到"新建图层"按钮上，复制4次，得到新组分别为"分类1拷贝""分类1拷贝2""分类1拷贝3""分类1拷贝4"，按照从下向上的顺序分别改名为"分类2""分类3""分类4""分类5"，如图5-33所示。

图5-32　"分类1"编组

图5-33　复制图层

（4）选中"分类5"图层组，将其移动到画布的右边，效果如图5-34所示。选中"移动工具"，按住Ctrl键，分别单击"分类1""分类2""分类3""分类4"图层组，单击工具选项栏中的"水平居中分布"按钮，效果如图5-35所示。

图5-34　移动"分类5"

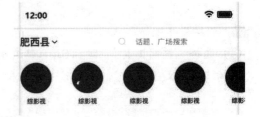

图5-35　分类组水平居中分布的效果

（5）选中"分类1"图层，选择"移动工具"，将"素材1"拖入"分类1"的图像窗口中，将素材图层放在"分类1"圆形的正上方，图层名改为"分类1素材"。选中"分类1素材"图层，执行"图层"→"创建剪贴蒙版"命令，用下方的"分类1"图层限制"分类1素材"的显示区域，如图5-36所示。

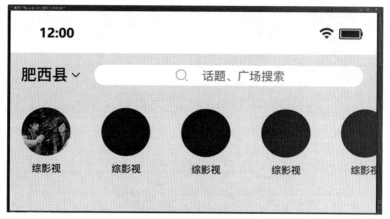

图5-36 分类1素材的编辑

（6）对图层"分类2""分类3""分类4""分类5"执行与图层"分类1"同样的操作，效果如图5-37所示。

图5-37 置入分类素材

（7）选择"横排文字工具"，分别修改分类名称，如图5-38所示。

图5-38 编辑分类名称

（8）选择"移动工具"，按住Ctrl键，单击所有分类组，按Ctrl+G组合键创建新组，并改组名为"分类"。

步骤 06 创建热议话题区域。

（1）选择"圆角矩形工具"，绘制圆角矩形，"描边颜色"设置为白色，尺寸为702×260 px，"半径"设置为10 px，如图5-39所示。修改图层名为"热议话题底"。

图5-39　绘制热议话题的圆角矩形区域

（2）选择"圆角矩形工具"，绘制圆角矩形，尺寸为30×30 px，"半径"为5 px，在工具选项栏中单击"填充"，在弹出的下拉列表框中单击"渐变"选项，设置渐变颜色为#ff0f0f和#ff7350，如图5-40所示。修改图层名为"热议话题"。圆角矩形的效果如图5-41所示。

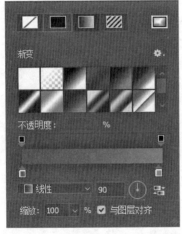

图5-40　设置热议话题图标颜色

图5-41　圆角矩形的效果

（3）选择"钢笔工具"，绘制"火焰"形状，图层名改为"火焰"，如图5-42所示。

图5-42　绘制火焰图标

（4）选择"横排文字工具"，在"热议话题"图标右边输入文字"热议话题"，设置"字体"为"苹方"、"字号"为30点、"文本颜色"为#1e1e1e。选择"横排文字工具"，输入文字"更多>"，设置"字体"为"苹方"、"字号"为20 px、"文本颜色"为#999999，如图5-43所示。

图5-43 创建热议话题的一级标题

（5）选择"横排文字工具"，设置"字体"为"苹方"、"字号"为24点，"文本颜色"为#333333，在热议话题图标的下方位置输入"#硬笔手写，写一手好字，赏文化语意#"。选择"横排文字工具"，设置"字体"为"苹方"、"字号"为20点、"文本颜色"为#999999，输入与二级标题相关的文字"1 071 帖子"，效果如图5-44所示。

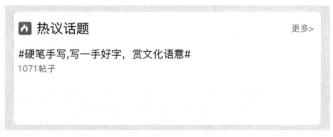

图5-44 创建热议话题的二级标题

（6）选择"圆角矩形工具"，绘制圆角矩形，尺寸为75×70 px，"半径"设置为5 px，"描边颜色"设置为#1e1e1e，与"更多>"文字右对齐，与第一个二级标题整体文字水平方向居中对齐。选择"移动工具"，将"素材6"拖入该图像的窗口内，放置在圆角矩形正上方，执行"图层"→"创建剪贴蒙版"命令，用下方的图层限制素材图层的显示区域，如图5-45所示。第二个二级标题的制作方法同上，效果如图5-46所示。

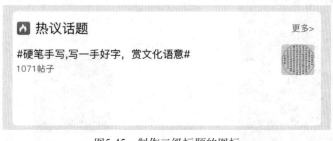

图5-45 制作二级标题的图标

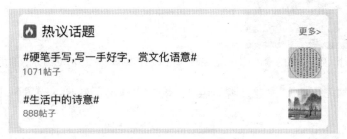

图5-46 第二个二级标题的效果

（7）选择"移动工具"，框选"热议话题"的所有图层，按Ctrl+G组合键创建新组，将组名改为"热议话题"。

**步骤 07** 创建社团活动区域。

（1）选择"圆角矩形工具"，绘制圆角矩形，颜色设置为白色，尺寸为702×240 px，"半径"设置为10 px，如图5-47所示。图层名改为"社团活动底"。

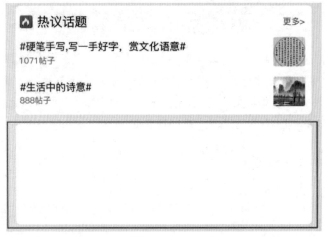

图5-47　绘制社团活动圆角矩形区域

（2）选择"圆角矩形工具"，绘制圆角矩形，尺寸为30×30 px，"半径"设置为5 px，在工具选项栏中单击"填充"选项，在弹出的下拉列表框中单击"渐变"选项，设置填充颜色为#ff0f0f和#ff7350，如图 5-48所示。图层名改为"社团活动图标"。社团活动图标的圆角矩形如图 5-49所示。

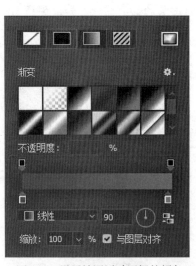

图5-48　设置社团活动图标的颜色

图5-49　社团活动图标的圆角矩形

（3）选择"钢笔工具""直接选择工具"，绘制"社团"形状，如图5-50所示。图层名改为"社团图标"。

图5-50 绘制社团图标

（4）选择"横排文字工具"，在社团活动图标右边的位置输入"社团活动"，设置"字体"为"苹方"、"字号"为30点、"文本颜色"为#1e1e1e。选择"横排文字工具"，设置"字体"为"苹方"、"字号"为20点、"文本颜色"为#999999，输入"更多>"，如图5-51所示。

图5-51 社团活动的标题效果

（5）选择"圆角矩形工具"，绘制圆角矩形，设置尺寸为682×160 px、"半径"为10 px、"填充颜色"为#1e1e1e，与画布居中对齐，如图5-52所示。

图5-52 创建社团活动的底图

（6）选择"移动工具"，将"素材8"拖至画布中，放在圆角矩形正上方，执行"图层"→"创建剪贴蒙版"命令，效果如图5-53所示。

图5-53 添加素材

（7）选择"移动工具"，选中"热议话题"的所有图层，按Ctrl+G组合键创建新组，将组名改为"社团活动"。

**步骤 08** 创建精彩专题区域。

（1）选择"圆角矩形工具"，绘制圆角矩形，"填充颜色"为白色，尺寸为702×520 px，"半径"设置为10 px，如图5-54所示，图层名改为"精彩专题底"。

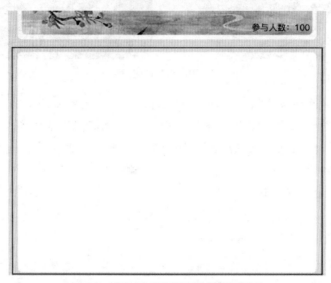

图5-54　绘制精彩专题区域的圆角矩形

（2）参考社团活动图标的绘制方法，绘制精彩专题区域的图标，如图5-55所示。

图5-55　精彩专题区域的图标效果

（3）选择"横排文字工具"，在精彩专题图标右边输入"精彩专题"，设置"字体"为"苹方"、"字号"为30点、"文本颜色"为#1e1e1e。选择"横排文字工具"，设置"字体"为"苹方"、"字号"为20点、"文本颜色"为#999999，输入"换一换"。打开"换一换"矢量图标素材，"填充颜色"设置为#999999，尺寸为20×20 pt，如图5-56所示。

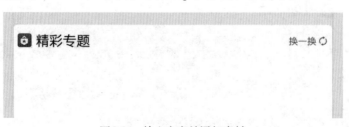

图5-56　输入文字并添加素材

（4）选择"圆角矩形工具"，绘制圆角矩形，设置"填充颜色"为#dcdcdc、尺寸为540×52 pt、"半径"为20 pt。单击图层面板下方的"添加图层样式"按钮，在弹出的列表中选择"内阴影"选项，如图5-57所示，"内阴影"的参数如图5-58所示。图层名改为"精彩专题类别标题底"，与画布垂直方向对齐，"精彩专题类别标题底"图层添加内阴影的效果如图5-59所示。

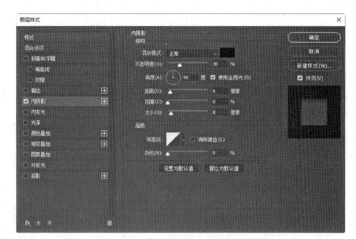

图5-57　"内阴影"命令　　　　　　　　图5-58　"内阴影"对话框

图5-59　添加内阴影的效果

（5）选择"圆角矩形工具"，绘制圆角矩形，设置"填充颜色"为#ffffff、尺寸为180×44 px、"半径"为20 px，与画布垂直方向对齐，图层名改为"精彩专题类别按钮"。单击图层面板下方的"添加图层样式"按钮，在列表框中选择"投影"选项，弹出"投影"对话框，参数设置如图5-60所示。"精彩专题类别按钮"图层添加内投影的效果如图5-61所示。

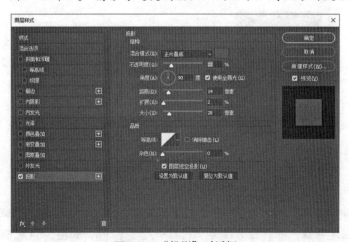

图5-60　"投影"对话框

图5-61　"精彩专题类别按钮"图层添加内投影的效果

（6）选择"横排文字工具"，在"精彩专题类别按钮"的中间输入文字"诗词歌赋"，设置"字体"为"苹方"、"文本颜色"为#333333、"字号"为22点。输入文字"微型小说"和"随笔杂谈"，分别放置在"精彩专题类别按钮"的左右两边，设置"字体"为"苹方"、"文本颜色"为#999999、"字号"为20点，如图5-62所示。

图5-62　在"精彩专题类别按钮"上添加文字

（7）选择"圆角矩形工具"，绘制圆角矩形，设置尺寸为200×290 px、圆角半径为10 px，修改图层名为"精彩专题类别1底"。选择"横排文字工具"，在"精彩专题类别1底"的正下方输入文字"诗经"，设置"字体"为"苹方"、"文本颜色"为#333333、"字号"为20点，如图5-63所示。

图5-63　"精彩专题类别1底"正下方添加文字

（8）选择"移动工具"，同时选中"精彩专题类别1底""诗经"两个图层，按Ctrl+G组合键，将两个图层创建新组，并将组名改为"精彩专题类别1"，如图5-64所示。

（9）选中图层组"精彩专题类别1"，将其拖至"新建图层"按钮上复制2次，按照从下向上的顺序分别将组名改为"精彩专题类别2"和"精彩专题类别3"。

（10）单击"移动工具"，选中图层组"精彩专题类别3"，将其移至画布的右边，同时选中图层组"精彩专题类别1底""精彩专题类别2底"，单击工具选项栏中的"水平分布"按钮，如图5-65所示。

图5-64　将图层编组

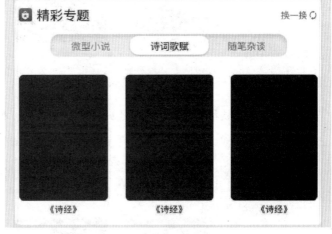

图5-65　将图层组水平分布

（11）选择图层组"精彩专题类别1底"，然后选择"移动工具"，将"素材9"移至窗口，放在"精彩专题类别1底"圆形的正上方，图层名改为"分类1素材"。选择"分类1素材"图层，执行"图层"→"创建剪贴蒙版"命令，效果如图5-66所示。

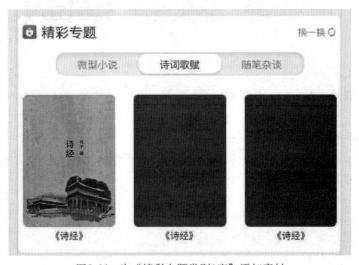

图5-66　为"精彩专题类别1底"添加素材

（12）分别对图层组"精彩专题类别2底""精彩专题类别3底"执行与上一步同样的操作，效果如图5-67所示。

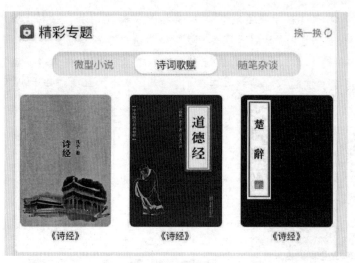

图5-67　添加分类图片素材

（13）选择"横排文字工具"，分别修改分类名称，如图5-68所示。

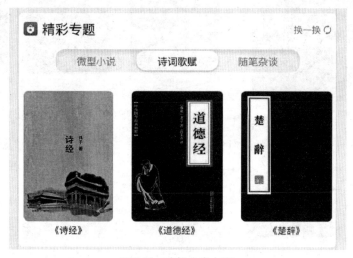

图5-68　编辑分类文字

（14）选择"移动工具"，选中所有分类组，按Ctrl+G组合键创建新组，并将组名改为"精彩专题"。

**步骤 09** 标签栏的编辑。

（1）选择"矩形工具"绘制矩形，"填充颜色"设置为#ffffff，尺寸为750×166 px，与画布的底部边缘对齐，如图5-69所示，图层名改为"标签栏"。

图5-69　绘制标签栏底部的矩形区域

（2）选择"钢笔工具""转换点工具""直接选择工具"，分别绘制"广场"图标、"藏书阁"图标、"分类"图标和"我的"图标，如图5-70～图5-73所示；选择"横排文字工具"分别输入文字"广场""藏书阁""分类""我的"。以整个画布宽度为对齐标准，将4个图标和文字平均分布，其中"广场"图标和文字的颜色设置为#00bec8，如图5-74所示。

图5-70　"广场"图标的绘制

图5-71　"藏书阁"图标的绘制

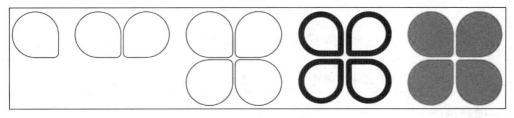

图5-72　"分类"图标的绘制

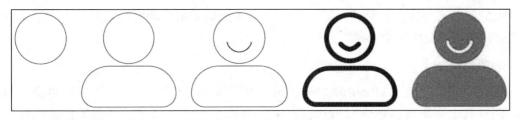

图5-73　"我的"图标的绘制

图5-74　输入图标的文字

**步骤 10** 修改图层名称，将同一类别的图层进行编组。"广场"页最终效果如图5-75所示。

图5-75 "广场"页最终效果

## 📖 项目三 "绿蝶文学"APP —— "藏书阁"页

### ❖ 项目描述

在"藏书阁"页面，用户能够根据不同的主题或类型浏览各类图书，方便了用户依据个人的阅读喜好来进行筛选。同时，该页面还会基于用户的阅读偏好为用户推荐合适的书籍，让用户更快捷地发现符合自己兴趣的作品。

### ❖ 项目剖析

基于"绿蝶文学"APP中的"藏书阁"页原型（图5-76），对该页进行再设计和开发。该页自上而下依次包含banner、分类、书籍推荐以及名家读书会等特色版块。在设计过程中，各类图书内容将根据主题或风格进行细致的分类，并会为用户打上标签，以便轻松地浏览和寻找到符合自己阅读兴趣的图书。"藏书阁"页的最终效果如图5-77所示。

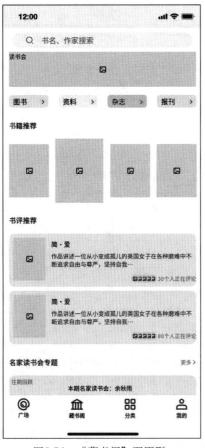

图5-76 "藏书阁"页原型

图5-77 "藏书阁"页的最终效果

"藏书阁"页的结构及其参数设置如表5-2所示。

表5-2 "藏书阁"页的结构及其参数设置

| 项目结构 | 参数设置 |
| --- | --- |
| banner | 尺寸：105×75 px |
| 导航 | 未点击状态文字："字体"为"苹方"，"字号"为30点，"文本颜色"为#dddddd<br>点击状态文字："字体"为"苹方"，"字号"为32点，"文本颜色"为#00bec8<br>圆角矩形：尺寸为50×5 px，"填充颜色"为#00bec8，"半径"为2.5 px<br>搜索矩形：尺寸为60×60 px，"填充颜色"为#415a82<br>图标：尺寸为36×36 px，"填充颜色"为#999999<br>轮播图控制器：圆角矩形尺寸为24×7 px，颜色为#ffffff；圆形尺寸为7×7 px，"填充颜色"为#aaaaaa |
| 类别 | 分类图标：圆形尺寸为80×80 px，图标尺寸为44×44 px<br>文字："字体"为"苹方"，"字号"为26点，"文本颜色"为#333333 |
| 讯息 | 圆角矩形：尺寸为702×50 px，"填充颜色"为#b1e3e7，"半径"20 px<br>图标：尺寸为50×50 px，"填充颜色"为#00bec8，图标尺寸为36 px<br>文字："字体"为"苹方"，"字号"为20点，"文本颜色"分别为#15a1f9和#333333 |

| 项目结构 | 参数设置 |
|---|---|
| 书籍推荐 | 标题："字体"为"苹方","字号"为30点,"文本颜色"为#lelele<br>标题样式:尺寸为6×30 px,"半径"为1 px,颜色为渐变<br>卡片:尺寸为520×16 px,"半径"为10 px,颜色为#ffffff<br>插图:尺寸为115×165 px,"半径"为10 px<br>书名："字体"为"苹方","字号"为28点,"文本颜色"为#333333<br>书籍介绍："字体"为"苹方","字号"为22点,"文本颜色"为#666666<br>作者："字体"为"苹方","字号"为22点,"文本颜色"为#666666<br>标签："字体"为"苹方","字号"为20点,"文本颜色"为#999999<br>圆角矩形:尺寸为60×30 px,"填充颜色"为#f2f2f2,"半径"为15 px<br>指示器:尺寸为8×8 px,"填充颜色"分别为#00bec8和#f2f2f2 |
| 名家读书会专题 | 标题："字体"为"苹方","字号"为30点,"文本颜色"为#lelele<br>标题样式:尺寸为6×30 px,"半径"为1 px,"填充颜色"为渐变<br>卡片:尺寸为702×250 px,"半径"为10 px,"填充颜色"为#ffffff<br>往期回顾:圆角矩形角尺寸为10 px,"半径"分别为10 px、0、0、10 px,"填充颜色"为#ff6e4b;"字体"为"苹方","字号"为20点,"文本颜色"为#ffffff<br>书名："字体"为"苹方","字号"为28点,"文本颜色"为#333333<br>作者："字体"为"苹方","字号"为20点,"文本颜色"为#666666<br>书籍介绍："字体"为"苹方","字号"为22点,"文本颜色"为#666666<br>插图:尺寸为128×174 px,"半径"为5 px |
| 标签栏 | 图标:尺寸为48×48 px<br>文字："字体"为"苹方","字号"为20点,"文本颜色"为#666666 |

❖ 操作步骤

步骤 01 开启 Photoshop 软件,按 Ctrl+N 组合键,弹出"新建"对话框,"名称"命名为"藏书阁页",设置"宽度"为750 px、"高度"为1 624 px、"分辨率"为72 ppi、"颜色模式"为"RGB 颜色"、"背景内容"为"白色",如图5-78所示。

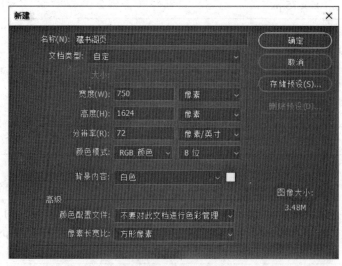

图5-78 "新建"对话框

**步骤 02** 按照iOS平台的界面尺寸要求（参考第2章中UI设计的尺寸规范），执行"视图"→"新建参考线"命令，分别建立状态栏、导航栏、标签栏、边距辅助线，将参考线的颜色填充为灰色，如图5-79所示。

图5-79 建立辅助线

**步骤 03** 制作Banner。

（1）选择"钢笔工具"，绘制banner的基本形状，"填充颜色"设置为#000000，如图5-80所示。

图5-80 banner基本形状

（2）选择"移动工具"，将"素材1"移至"藏书阁"页画布中，如图5-81所示。执行"图层"→"创建剪贴蒙版"命令，如图5-82所示，用下方的"banner基本形状"图层限制"banner素材"的显示区域，剪贴蒙版的效果如图5-83所示。

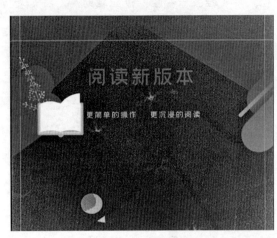

图5-81　banner素材

图5-82　创建剪贴蒙版

图5-83　剪贴蒙版的效果

（3）选择"圆角矩形工具""椭圆工具"，绘制banner轮播图控制器，第一个圆角矩形填充为白色，后面三个圆形填充为灰色，如图5-84所示。

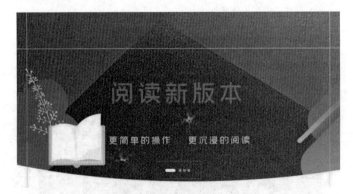

图5-84　绘制轮播图控制器

**步骤 04** 导航栏的制作。

（1）参考表5-2"藏书阁"页的结构及其参数设置，选择"横排文字工具"，输入导航栏中的"推荐""男生""女生""新书""出版""故事"，然后选择"圆角矩形工具"，在"推荐"导航项下方绘制一个圆角矩形，如图5-85所示。

图5-85　编辑导航栏名称

（2）选择"圆角矩形工具"，绘制圆角矩形，如图5-86所示；然后选择"钢笔工具"，绘制搜索图标，如图5-87所示。导航栏的最终效果如图5-88所示。

图5-86　绘制圆角矩形

图5-87　绘制搜索图标

图5-88　导航栏的最终效果

**步骤 05**　制作类别区域。

（1）参考"藏书阁"页相关参数，选择"椭圆工具"，绘制"分类"图标的基本形状，设置"填充颜色"为渐变，颜色值分别为#fe6d4a和#f99077，如图5-89所示。"分类"图标的渐变效果如图5-90所示。

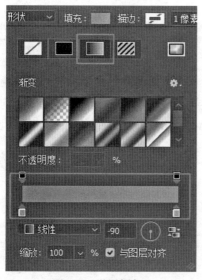

图5-89　设置颜色

图5-90　"分类"图标的渐变效果

（2）选中"分类图标基本形状"图层，单击图层面板下方"添加图层样式"按钮，选择"投影"选项，投影参数如图5-91所示。投影效果如图5-92所示。

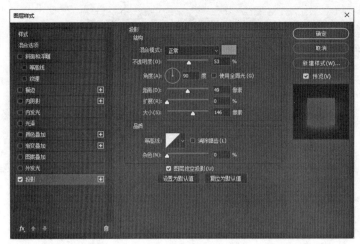

图5-91　"投影"对话框　　　　　　　　　　　　　　图5-92　投影效果

（3）执行"文件"→"新建"命令，弹出"新建"对话框，"名称"命名为"类别-分类"，设置"宽度""高度"均为1 140 px，"分辨率"设置为72 ppi，"颜色模式"设置为"RGB颜色"。选择"钢笔工具""直接选择工具""转换点工具"，绘制分类图标的基本形状，如图5-93所示。

图5-93　分类图标的基本形状

（4）选中"分类图标"图层，执行"图层"→"复制图层"命令，得到"分类图标拷贝"图层，如图5-94和图5-95所示；然后执行"编辑"→"自由变换"命令，在工具选项栏中设置旋转角度为−90°，如图5-96所示；再按两次Shift+Alt+Ctrl+T组合键，继续变换图标，最终效果如图5-97所示。

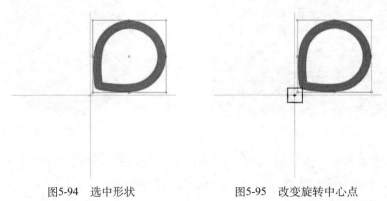

图5-94　选中形状　　　　　　　　图5-95　改变旋转中心点

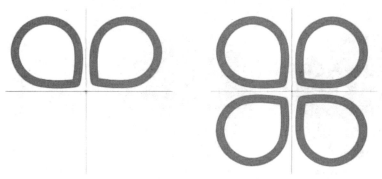

图5-96　复制并旋转　　　　　　　　　图5-97　投影效果

（5）选中4个"分类图标"图层，执行"图层"→"合并图层"命令，合并图层，然后单击图层面板下方的"添加图层样式"按钮，选择"描边"，弹出"描边"面板，"填充类型"选择"渐变"，"渐变叠加"对话框如图5-98所示。渐变效果如图5-99所示，分类图标的最终效果如图5-100所示。

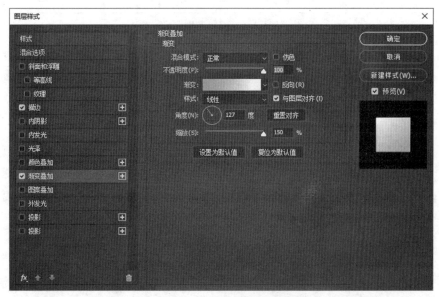

图5-98　"渐变叠加"对话框

图5-99　渐变效果　　　　　　　图5-100　分类图标的最终效果

（6）参考 步骤 05 （3），分别制作专题图标、排行图标和完本图标，分别如图5-101～

图 5-103 所示。

图5-101　专题图标　　　　图5-102　排行图标　　　　图5-103　完本图标

（7）选择"横排文字工具"，在图标下方分别输入相对应的名称，效果如图5-104所示。

图5-104　编辑类别名称

**步骤 06**　信息区域的制作。

（1）选择"圆角矩形工具"，绘制信息区域的基本形状和图标下方的圆角矩形，如图5-105所示。

图5-105　信息区域基本形状

（2）选择"钢笔工具""直接选择工具""转换点工具"，绘制讯息图标，讯息图标的基本形状如图 5-106 所示。讯息图标的整体效果如图 5-107 所示。

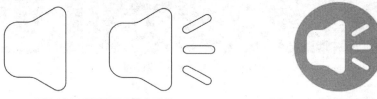

图5-106　讯息图标基本形状　　　　　　图5-107　讯息图标整体效果

（3）参考"藏书阁"页的参数设置，选择"横排文字工具"，输入讯息区域的内容，如图5-108所示。

图5-108　讯息区域

**步骤 07**　制作书籍推荐区域。

（1）选择"圆角矩形工具"，绘制标题形状，在工具选项栏中单击"填充"项，在弹出的"颜色面板"中选择渐变类型，如图5-109所示；然后选择"横排文字工具"，输入文字"书籍推荐"，如图5-110所示。

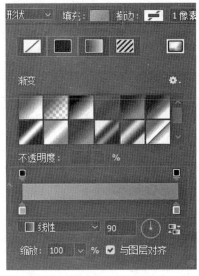

图5-109　渐变填充属性

书籍推荐

图5-110　输入"书籍推荐"

（2）选择"圆角矩形工具"，绘制主区域的圆角矩形，参考"藏书阁"页的参数设置，单击图层面板下方的"添加图层样式"按钮，选择"外发光"选项，参数设置如图5-111所示。圆角矩形的整体效果如图5-112所示。

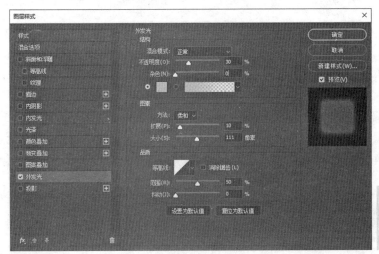

图5-111　"外发光"对话框

图5-112　圆角矩形的整体效果

（3）选择"圆角矩形工具"，绘制圆角矩形；然后使用"移动工具"将"素材2"移至主区域圆角矩形上方，如图5-113所示；再执行"图层"→"创建剪贴蒙版"命令，用下方的"banner基本形状"图层限制"素材2"的显示区域，如图5-114所示。

图5-113　绘制圆角矩形

图5-114　插图素材

（4）使用"横排文字工具"输入书籍名称、书籍介绍、作者等信息，如图5-115所示。

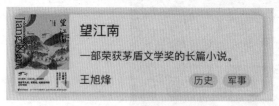

图5-115　输入文字信息

（5）参考书籍推荐主区域的制作方法，绘制主区域两边的浮动窗口，如图5-116所示。

图5-116　绘制浮动窗口

（6）选择"椭圆工具"，绘制轮播图控制器，第2个设置填充色为#00bec8，其他3个圆形填充为灰色，如图5-117所示。

图5-117　绘制轮播图控制器

**步骤 08**　绘制名家读书会区域。参考**步骤 06**"书籍推荐"区域的绘制方法，绘制"名家读书会专题"区域。"名家读书会专题"区域效果如图5-118所示。

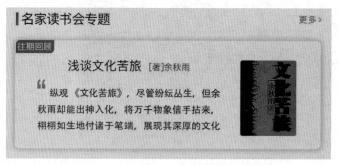

图5-118　"名家读书会专题"区域效果

**步骤 09**　制作标签栏。参考项目二中的**步骤 09**"标签栏"编辑的方法，制作标签栏。"藏书阁"的标签栏如图5-119所示。

图5-119　"藏书阁"的标签栏

**步骤 10**　选择图层面板修改图层名称，将同一类别的图层编组。"藏书阁"页的最终效果如图5-120所示。

图5-120 "藏书阁"页的最终效果

## 本章总结

掌握阅读类应用的设计要求。

掌握阅读类应用界面的设计步骤。

## 课后习题

### 1. 选择题

(1)制作思维导图的工具主要有( )。

    A. XMind                B. MindManager            C. iMindMap

    D. Marginnote           E. MindNode

(2)属于引导页的内容有( )。

    A.品牌展示         B.广告展示         C.活动展示         D.内容展示

（3）属于登录页的内容有(　　)。

    A. logo　　　　　　　B.登录方式　　　　　C.输入密码　　　　　D.登录

（4）属于注册页的内容有(　　)。

    A.注册方式　　　　　B.设置密码　　　　　C.获取验证码　　　　D.同意注册协议

## 2. 实操题

参照本章节的界面制作流程和方法，制作"我的阅历"页和"阅读历史"页，效果如图 5-121 和图 5-122 所示。

图5-121　　"我的阅历"效果图　　　　图5-122　　"阅读历史"效果图

扫码获取
- AI智能辅导
- 配套资源
- 精品课程
- 进阶训练

## 学习目的

- 本章将介绍电商购物类 APP 的设计，深入剖析电商购物应用的设计要素，内容涵盖电商应用的特点、项目定位策略、竞争优势，以及"小黄蜂"电商平台的应用设计流程等。本章将向读者展示如何构建一个友好和直观的操作界面，以此增强用户体验，提升用户满意程度，并推动应用的频繁使用。

## 学习内容

- 电商购物类 APP 的设计需求。
- 如何运用品牌色调、徽标和设计风格创建独特的品牌形象。
- 电商购物类 APP 的设计流程。

## 学习重点

- 电商购物类 APP 的关键制作要素。
- 如何分析电商购物类 APP 的需求。
- 电商购物类 APP 界面的设计技巧。

## 数字资源

- 【本章素材】："素材文件\第 6 章"目录下。

## 效果欣赏

# 第6章

# 电商购物类 APP 设计

扫码观看视频

## 6.1 项目定位

随着科技的不断进步和智能手机的普及，电子商务购物APP已逐渐成为现代消费者的首选购物渠道。

通过电商购物APP，用户能在任何地方轻松地购买商品，享受便捷的购物体验。这些APP通过提供简洁的购物流程、个性化推荐以及安全的支付方式，为用户带来了一种全新的智能购物体验。

### 1. 便捷的购物流程

电子商务APP通过分类浏览、搜索引擎以及个性化推荐等高级功能，帮助消费者迅速定位所需商品。这些APP中的购物车设计，使用户能够选择多件商品并一次性结算，突破了传统购物在时间和空间上的限制。用户可以随时随地浏览产品信息，对比价格和了解评价，这样能全面了解商品。搜索和筛选功能进一步优化了寻找所需商品的过程。同时，电商APP支持支付宝、微信支付等多种支付方式，为用户带来了多样化且方便的支付体验。图6-1为购物APP。

淘宝　京东　拼多多　苏宁　天猫

考拉　严选　唯品会　蘑菇街　当当

图6-1　购物APP

### 2. 产品种类丰富，选择广泛

传统实体店铺因受空间和成本的限制，能展示的商品类型和数量有限。相比之下，电子商务平台通过与众多品牌和零售商合作，能够提供来自全球各地的丰富商品，满足消费者多元化的购物需求。不论是时尚服饰、先进电子设备、各式美食还是家居用品，都能在电商平台上轻松寻找到心仪的商品。图6-2为购物APP界面。

图6-2　购物APP界面

### 3. 定制化推荐服务

利用大数据和人工智能技术，电商APP可以对用户的浏览、搜索和购买行为进行深度分析，从而为用户提供量身定制化的产品推荐。这些APP通过分析消费者的购物偏好和历史交易记录，能够准确预测用户的需求，并为他们推送契合个人需求的商品。这种个性化的推荐不仅能加快购物的速度，还能提升消费者的满意度。图6-3为购物个性化推荐区域。

图6-3　购物个性化推荐区域

### 4. 多重支付安全保障

电子商务APP整合了众多安全措施来确保支付过程的安全。通过与支付服务供应商合作，这些APP实现了与第三方支付系统的无缝集成，加强了交易安全。此外，这些APP还支持多种验证方法，包括支付密码、指纹识别和面部识别等，为用户提供了全面的支付安全防护。图6-4为电商购物支付方式。

图6-4　电商购物支付方式

### 5. 商品评价与社区互动

在电子商务APP中，商品评价系统为用户提供了对已购产品进行评分和评论的功能，帮助其他用户做出更优化的购物选择。此外，用户还可在APP内的社区分享购物体验和展示购买成果，促进用户间的交流与互动。这种社区分享功能不仅提升了购物的愉悦感，还建立了一个互帮互助的用户环境。图6-5为美团优选社区团购页。

图6-5　美团优选社区团购页

## 6.2　项目优势

### 1. 商品种类丰富

"小蜜蜂"APP提供了过亿的商品，商品类别包罗万象，满足了消费者多样化的购物需求。无论用户需要选购潮流服装、家居用品、科技产品还是美食饮品等，都可以通过"小蜜蜂"APP进行购买，打破了传统实体店铺在时间和地点上的限制。

### 2. 购物流程简便

"小蜜蜂"APP旨在实现快速、高效的购物体验。消费者通过输入关键词能够搜索或查看到所需商品。此外，该APP还配备筛选和排序工具，让用户依据个人偏好和需求精准挑选商品。

### 3. 定制化推荐服务

"小蜜蜂"APP可以利用用户的历史购买记录、消费偏好和个人资料，借助智能算法提供个性化商品推荐。可以帮助用户更轻松地搜寻到符合个人需求的产品，从而提升购物效率。

### 4. 购物平台安全可信

"小蜜蜂"APP重视用户的购物安全及权益。该平台实施了众多安全措施，诸如担保交易和全程监控等，确保每笔交易的安全。同时，"小蜜蜂"APP还建立了完善的客服系统，用户在购物过程中遇到任何问题，皆可联系客服获取帮助。

### 5. 社区化购物互动

"小蜜蜂"APP并非单一的购物平台，还融入了社区购物的要素。消费者在平台上可进行交流、评论、展示订单并分享自己的购物体验。这种社区化的购物方式不仅拉近了用户间的距离，也增加了购物的乐趣。

## 6.3 项目功能介绍

### 1."首页"页

通过增强搜索功能、细化分类指引及优化促销板块，可以激发用户的购买欲望、提升购物便捷性和改善整体的用户体验。

### 2."商城"页

消费者可借助商品分类快速定位所需物品，根据个人喜好在线选购商品和参与社交互动，打造个性化的购物环境；点击商品可进入详情页，查阅产品信息、图示、规格等信息。

### 3."积分"页

用户可通过完成特定任务、下订单、参与活动等途径获取积分，用积分换取商品、红包、折扣券等实体或虚拟奖励。例如，使用积分换购优惠券减免购物金额，或将积分转化为现金红包。积分的换购不仅帮助用户节约开支，同时也增强了顾客对品牌的忠诚度。

### 4."购物车"页

购物车为用户打造了一个收藏愿望商品之所，为购物过程增添更多乐趣与便利。用户可以随时将喜欢的商品添至购物车，并在适当的时机完成支付结算。此外，购物车还有助于用户规划购买行为，便于比较和挑选产品。

### 5."个人中心"页

"个人中心"旨在打造个性化的使用体验，允许用户管理私人信息、跟踪订单和地址簿，领取优惠及积分奖励，并能及时联系客服解决问题。

### 6."登录与注册"页

"登录与注册"界面为用户提供流畅的进入体验，减少了操作障碍。通过简化流程和智能验证手段，优化了用户的购物过程，使其能轻松享受APP的各项购物及服务功能。

### 7."引导页"页

作为用户首次接触APP的入口，引导页承载着介绍和推广的作用。它向新用户清晰展示APP的特色与功能，辅助用户理解并开始使用APP。通过简洁的内容和直观的操作指南，引导页帮助用户迅速熟悉APP，提升使用初体验。

## 6.4 项目思维导图

通过思维导图以树状结构呈现不同概念与信息之间的关联。"小黄蜂"APP导图向开发和设计团队展示了一个综合的视觉概览，这有助于团队成员更深入地理解APP的结构和功能规划。导图中清晰的节点连接、直观的标签以及简洁的注释，都为团队成员之间的沟通和协作提供了便利，从而优化了开发流程，并增强了最终用户的体验。图6-6为"小黄蜂"APP的思维导图。

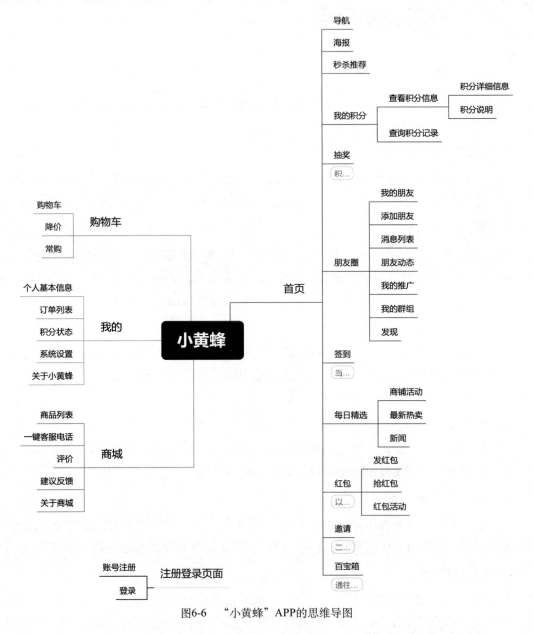

图6-6 "小黄蜂"APP的思维导图

# 6.5 项目原型图

原型图是一种将创意和想法以可视化方式展示给他人的工具，用于以视觉形式向他人展示创意和构思，它可以是手绘的初步草图、数字化的线框，或是具备交互性质的设计演示。"小黄蜂"APP的原型图作为设计初期的草图，用于尝试和确认不同的设计方案。这一过程有助于发现潜在的设计问题和改进空间，进而增强设计的可靠性并提高用户满意度。

### 1. "首页"页

"小黄蜂"APP"首页"页原型图，如图6-7所示。

### 2. "商城"页

"小黄蜂"APP"商城"页原型图，如图6-8所示。

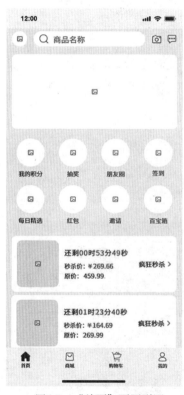

图6-7 "首页"页原型图

图6-8 "商城"页原型图

### 3. "购物车"页

"小黄蜂"APP"购物车"页原型图，如图6-9所示。

### 4. "我的"页

"小黄蜂"APP"我的"页原型图，如图6-10所示。

图6-9　"购物车"页原型图　　　　图6-10　"我的"页原型图

### 5. "积分抽奖"页

"小黄蜂" APP "积分抽奖"页原型图，如图6-11所示。

图6-11　"积分抽奖"页原型图

### 6. "积分消费"页

"小黄蜂" APP "积分消费"页原型图,如图6-12所示。

### 7. "注册"页

"小黄蜂" APP "注册"页原型图,如图6-13所示。

### 8. "商品"页面

"小黄蜂" APP "商品"页原型图,如图6-14所示。

图6-12 "积分消费"页原型图

图6-13 "注册"页原型图

图6-14 "商品"页原型图

## 6.6 "小黄蜂" APP项目设计解析

### 1. "小黄蜂" APP应用简介

"小黄蜂" APP是一个全方位的购物助手,涵盖从时尚服饰到美容护理,从精致佳肴到婴儿用品等众多品类,为用户打造了一个舒适且方便的在线购物环境。

### 2.目标用户分析

"小黄蜂" APP专注于服务一线和二线城市中以年轻消费者为核心的客户群体,满足他们对快节奏生活的购物需求,同时提供一个购物及社交体验的平台。根据市场研究,网络购物的主体人群集中在18 ~ 40岁,占所有消费者的77%,男女用户比例约为6:4。图6-15为用户画像。

图6-15 用户画像

### 3. 应用架构

APP架构是确保项目成功的关键环节，"小黄蜂"APP的架构设计为开发、运营及后期维护奠定了坚实的基础，同时又能充分顾及用户的需求和预期。图6-16为"小黄蜂"APP产品架构图。

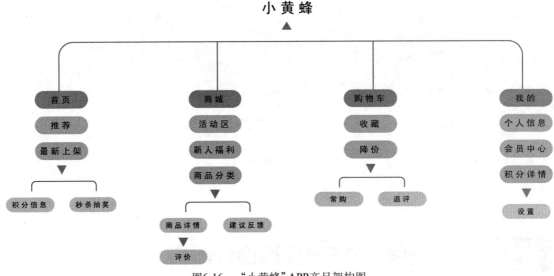

图6-16 "小黄蜂"APP产品架构图

### 4. 文字标准

"小黄蜂"APP严格规范了文字使用标准，保障了用户体验和功能上的统一，提升了APP的易用性，并增强了品牌形象。图6-17为"小黄蜂"APP文字使用规范。

### 5. 图标标准

"小黄蜂"APP的图标设计清晰且直观，采用简化的图形、线条和色彩来展现其核心功能及品牌特征，达到一目了然的效果。利用独特的设计风格、配色方案及专属设计元素，塑造了一致而专业的品牌形象，给用户留下了深刻的印象，并提升了品牌的知名度和可信度。图6-18为"小黄蜂"APP图标设计展示。

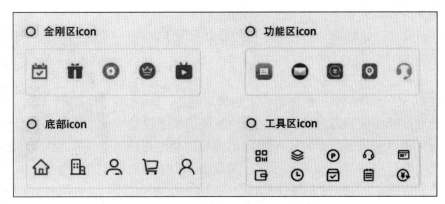

图6-17　"小黄蜂"APP文字使用规范

图6-18　"小黄蜂"APP图标设计展示

# 6.7 "小黄蜂" APP项目设计

### ❖ 工作任务描述

　　"小黄蜂"APP为用户提供了一个便捷的网络购物环境，用户可通过该APP轻松查询及购买多种商品，体验线上交易、物品配送以及售后保障等服务，使购物变得更为简单。"小黄蜂"APP内集成了丰富的商品信息和图像展示，方便用户根据个人偏好搜索、选择及对比喜欢的商品。在这个电商平台上，用户可对购买的商品进行评价和分享，帮助他人做出更优的购物选择。"小黄蜂"APP还配备了订单追踪功能，让用户能实时了解订单状态和物流信息。此外，"小黄蜂"APP也提供了全面的售后服务体系，包括退货、换货、投诉与咨询服务等，以优化用户的购物过程。为了吸引新用户下载并使用"小黄蜂"APP，设计一套吸引人的启动图标和主界面变得尤为重要。

### ❖ 具体要求

　　（1）根据任务要求设计作品，在设计过程中保证作品以企业需求为导向、界面清晰、设计元素风格保持一致。

（2）设计作品时，应考虑其所需展现的功能，并结合现实生活情境，选择最恰当的表现手法，确保设计有实际的支撑。

（3）设计作品的交付要求：手绘草图方案1份，logo设计图方案1份，主界面设计作品初稿文件4份，二稿作品修改文件4份，同一文件分别存储为PSD和JPG两种格式。

### ▢ 项目一　"小黄蜂" APP——logo

#### ❖ 项目导入

"小黄蜂" APP的标志作为视觉识别符号，需具有很强的辨识度，并能优化用户的应用体验。同时，APP标志还承载着传达品牌理念、特征与个性的功能，帮助用户增加对品牌的了解，并深化品牌记忆。

#### ❖ 项目剖析

（1）logo尺寸：设计启动图标时，采用默认尺寸1 024×1 024 px。

（2）清晰度：分辨率为72 ppi。

（3）色彩：为了与APP主题协调，主色选用橙色。

（4）选取蜜蜂作为创意灵感，通过简洁流畅的线条描绘出轮廓，同时采用明快的色彩彰显APP的活力与创新。翅膀以抽象形式呈现，增强了logo的独特性，塑造出一个生动而富有活力的品牌形象。logo的最终效果如图6-19所示。

图6-19　logo最终效果

#### ❖ 操作步骤

步骤 01　开启 Photoshop 软件，按Ctrl+N组合键，弹出"新建"对话框，"名称"命名为"小黄蜂logo"，具体参数如图6-20所示。单击"确定"按钮，弹出画布。

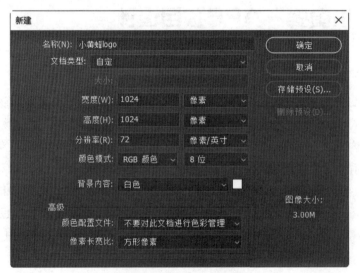

图6-20　"新建"对话框

步骤 02　选择"圆角矩形工具"，在工具选项栏中"填充颜色"设置为#ff873c，按住Shift键绘制圆角矩形，该图层命名为"logo底图"，如图6-21所示。

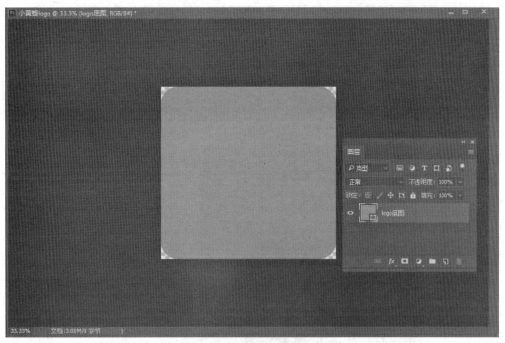

图6-21 创建圆角矩形

**步骤 03** 绘制小黄蜂身体。选择"椭圆工具",在工具选项栏中单击"形状"选项,"填充颜色"设置为#000000,绘制椭圆形,如图 6-22 所示。

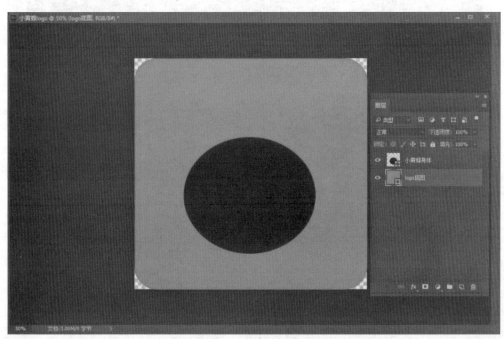

图6-22 绘制小黄蜂的身体

**步骤 04** 选中椭圆形,按Ctrl+T组合键,出现控制框后单击鼠标右键弹出级联菜单,选择"斜切"命令,对圆形执行倾斜操作,如图 6-23 所示。将图层名改为"小黄蜂身体",如图 6-24 所示。

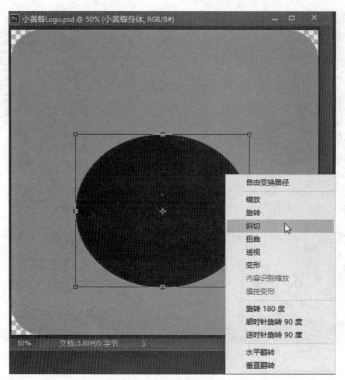

图6-23 选择"斜切"命令

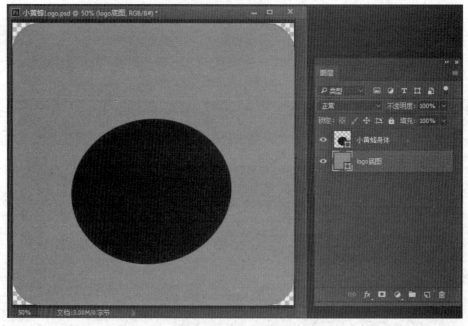

图6-24 编辑图层名

**步骤 05** 创建小黄蜂身体的花纹。选择"钢笔工具",在工具选项栏中选择"形状"选项,"填充颜色"设置为#ffc300,绘制身体花纹部分,如图 6-25 所示。图层名改为"身体花纹",选中"身体花纹"图层,将其移动到"小黄蜂身体"图层的上方,执行"图层"→"创建剪贴蒙版"命令,效果如图 6-26 所示。

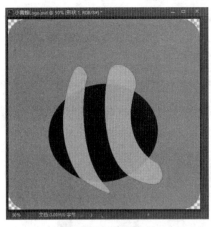

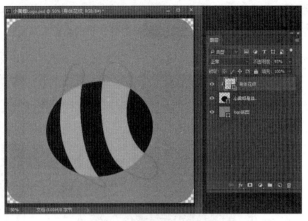

图6-25　绘制花纹　　　　　　　　　　　　　图6-26　创建剪贴蒙版的效果

**步骤 06**　　绘制小黄蜂触角。选择"钢笔工具"，在工具选项栏中选择"路径"选项，"描边颜色"设置为#0000000，"设置形状描边宽度"设置为10 px，"填充颜色"设置为不填充，绘制触角线条，分别命名为"长触角线条"和"短触角线条"。选择"钢笔工具"，绘制触角头部形状，"填充颜色"设置为#000000，如图6-27所示。

图6-27　绘制触角

**步骤 07**　　选择"钢笔工具"，绘制小黄蜂尾部，"填充颜色"设置为#000000，如图6-28所示。

图6-28　绘制尾部

**步骤 08** 绘制小黄蜂翅膀。选择"钢笔工具"，在工具选项栏中选择"路径"，"填充颜色"设置为#000000，分别绘制小黄蜂翅膀，保持线条流畅，赋予翅膀动感、节奏感，让其产生强烈的视觉冲击力。图6-29为小黄蜂的小翅膀，图6-30为小黄蜂的大翅膀。

图6-29　绘制小翅膀　　　　　　　　　　　　图6-30　绘制大翅膀

**步骤 09** 修改图层名称并调整图层的顺序，最终效果如图6-31所示。

图6-31　最终效果

## 📖 项目二　"小黄蜂"APP——登录页

### ❖ 项目导入

登录页是用户验证身份的关键通道，登录后允许用户访问APP的特定功能和内容。该页面一般设有用于输入用户名、手机号以及密码的输入框，以便用户使用账户进行登录。此外，登录页还起到了展示应用品牌的作用，并提供注册、重置密码等功能。由于其设计和功能对用户体验和应用安全有直接影响，设计者需要创建安全且易记的登录机制，并提供处理用户反馈的渠道。

### ❖ 项目剖析

"小黄蜂"APP的登录界面从上到下依次包括品牌标志、输入密码登录、一键快捷登录、服务条款、操作按钮、忘记密码处理、新用户注册以及第三方账号登录等。该设计注重直观性和清晰性，突出了登录功能。同时，考虑到目标用户群的特点，对设计标准进行了优化，以满足用户群的体验。图6-32为登录页的最终效果。

图6-32　登录页的最终效果

"小黄蜂" APP登录页的结构及其相关参数设置如表6-1所示。

表6-1　登录页的结构及相关参数设置

| 项目结构 | 参数设置 |
|---|---|
| 关闭按钮 | 尺寸为30×30 px，"填充颜色"为#ffdcc3 |
| logo | 尺寸为150×150 px，"填充颜色"为#ff893a |
| 欢迎文字 | "字体"为"苹方"，"字号"为34点，"文本颜色"为#fefbfb |
| 密码登录 | 密码登录文字："字体"为"苹方"，"字号"为34点，"文本颜色"为#ff893a<br>登录框：尺寸为590×70 px，"半径"为35 px，"填充颜色"为#ffffff<br>图标：尺寸为28×28 px，"填充颜色"为#b4b4b4<br>登录框文字："字体"为"苹方"，"字号"为26点，"文本颜色"为#b4b4b4 |
| 服务协议 | "字体"为"苹方"，"字号"为18点，"文本颜色"分别为#999999和#333333 |
| 登录 | 登录框：尺寸为480×80 px，"半径"为40 px，"填充颜色"为#ff893a<br>登录文字："字体"为"苹方"，"字号"为34点，"文本颜色"为#ffffff |
| 忘记密码 | "字体"为"苹方"，"字号"为26点，"文本颜色"为#333333 |
| 立即注册 | "字体"为"苹方"，"字号"为26点，"文本颜色"为#333333 |

| 项目结构 | 参数设置 |
|---|---|
| 第三方登录 | 文字："字体"为"苹方"，"字号"为20点，"文本颜色"为#999999<br>线条：尺寸为174×1 px，"填充颜色"为#dcdcdc<br>图标：尺寸为50×50 px，"填充颜色"为#666666 |

❖ 操作步骤

**步骤 01** 开启 Photoshop 软件，按Ctrl+N组合键，弹出"新建"对话框，"名称"命名为"登录页"，"宽度"设置为750 px，"高度"设置为1 624 px，"分辨率"设置为72 ppi，"颜色模式"设置为"RGB 颜色"，"背景内容"设置为白色，如图6-33所示。

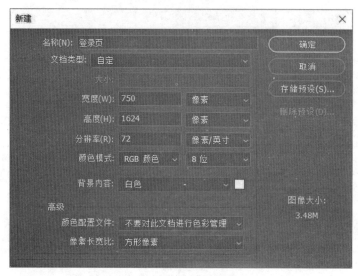

图6-33 "新建"对话框

**步骤 02** "背景色"设置为#f2f2f2，执行"编辑"→"填充"命令，"内容"设置为"背景色"，如图6-34所示。图6-35为填充画布的效果。

图6-34 "填充"对话框

图6-35 填充的画布效果

**步骤 03** 绘制欢迎区域。

（1）选择"矩形工具"，"宽""高"分别设置为750 px和600 px，绘制登录页顶部的矩形背景，如图6-36所示。在工具选项栏中设置"填充颜色"为渐变色，"渐变颜色"值分别为#ffaa6f、#ff8836，参数设置如图6-37所示。图6-38为填充渐变色的效果。

图6-36　矩形的参数设置　　　　图6-37　"渐变填充"对话框　　　图6-38　填充渐变色的效果

（2）选择"移动工具"，将"小黄蜂logo"移至画布中，单击图层面板下方的"添加图层样式"按钮，选择"投影"选项，参数设置如图6-39所示，投影效果如图6-40所示。

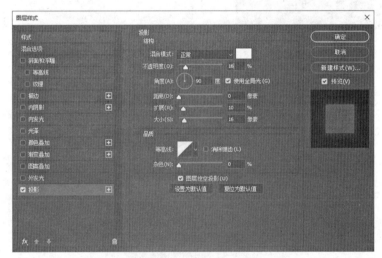

图6-39　"投影"对话框

图6-40　投影效果

（3）选择"横排文字工具"，输入文字"欢迎登录小黄蜂"，属性参考"登录"页相关参数设置。

（4）绘制"关闭"图标。选择"圆角矩形工具"，绘制"关闭"图标基本形状，参数设置如图6-41所示；执行"图层"→"复制图层"命令，得到"圆角矩形拷贝"图层，同时选中两个图层，然后执行"图层"→"合并形状"命令，将图层合并；再执行"编辑"→"自由变换"命令旋转图层，并将"旋转角度"设置为45°，如图6-42所示。顶部整体效果如图6-43所示。

图6-41  设置圆角矩形参数

图6-42  图标绘制过程

图6-43  顶部整体效果

**步骤 04**  制作登录区域。

（1）选择"横排文字工具"，输入文字"密码登录""快捷登录"，参考登录页相关参数设置文字属性，文字效果如图6-44所示。

# 密码登录　快捷登录

图6-44  顶部整体效果

（2）制作登录框。选择"圆角矩形工具"，绘制登录框的基本形状，填充白色，效果如图6-45所示。

图6-45　登录框的效果

（3）制作图标。选择"圆角矩形工具""椭圆工具""钢笔工具"，绘制登录框内的"手机""锁"图标。图6-46为"手机"图标的绘制过程，图6-47为"锁"图标的绘制过程。

图6-46　"手机"图标的绘制过程

图6-47　"锁"图标的绘制过程

（4）选择"横排文字工具"，输入文字"请输入手机号码""请输入密码"，参考"登录"页的相关参数设置文字属性，然后选择"移动工具"，调整文字的位置，如图6-48所示。

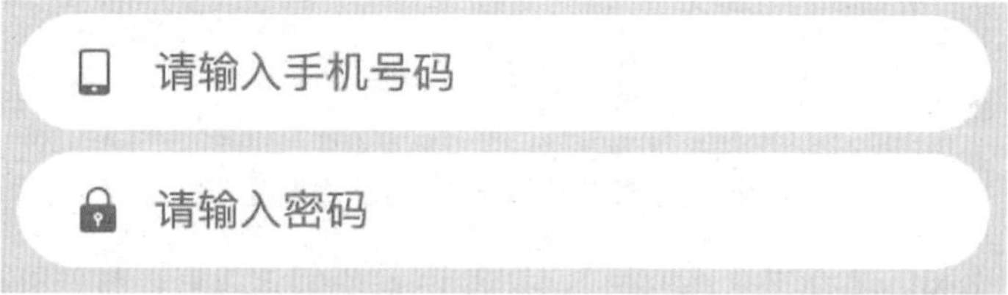

```
📱 请输入手机号码

🔒 请输入密码
```

图6-48　编辑文字

（5）绘制登录协议选项框。选择"矩形工具"，按Shift键绘制正方形，设置"描边颜色"为#999999、"描边宽度"为1 px，然后选择"横排文字工具"，输入相关文字，如图6-49所示。

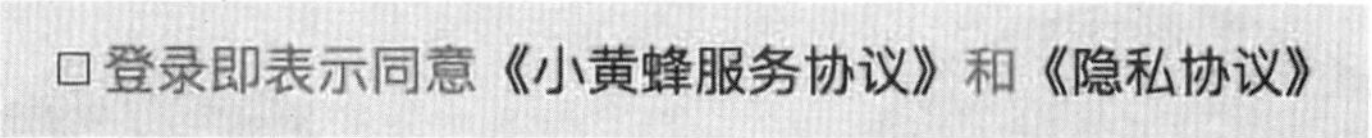

□登录即表示同意《小黄蜂服务协议》和《隐私协议》

图6-49　绘制登录协议选项框

（6）绘制登录按钮。选择"圆角矩形工具"，绘制按钮的基本形状；然后选择"横排文字工具"，输入文字"登录"，如图6-50所示。

登录

图6-50　绘制登录按钮

（7）选择"横排文字工具"，输入文字"忘记密码""立即注册"。登录区域的整体效果如图6-51所示。

图6-51 登录区域的整体效果

**步骤 05** 制作第三方登录区域。

（1）选择"横排文字工具"，输入文字"第三方登录"；然后选择"直线工具"，绘制"第三方登录"左右两边的线段，效果如图6-52所示。

## 第三方登录

图6-52 绘制"第三方登录"的标题

（2）制作QQ图标。选择"椭圆工具"，按Shift键绘制正圆形，制作图标的底图背景，如图6-53所示。选择"移动工具"，将"QQ"logo移至画布中，如图6-54所示。单击图层面板下方的"添加图层样式"按钮，选择"颜色叠加"选项，参数设置如图6-55所示。QQ图标的最终效果如图6-56所示。

图6-53 正圆形

图6-54 "QQ"logo

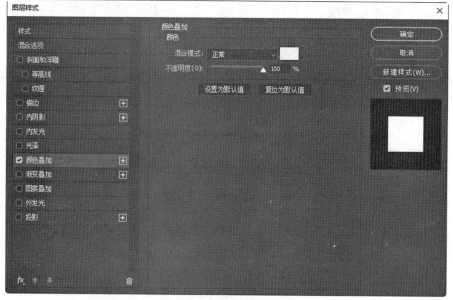

图6-55 "颜色叠加"对话框

图6-56 QQ图标的最终效果

（3）制作"新浪""微信"的图标。参考 步骤 05 中（2）的方法制作"新浪""微信"的图标。图6-57为"新浪"图标，图6-58为"微信"图标。

图6-57 "新浪"图标

图6-58 "微信"图标

**步骤 06** 修改图层名称，将同一类别的图层编组。登录页的最终效果如图6-59所示。

图6-59    登录页的最终效果

## 项目三    "小黄蜂" APP —— 首页

### ❖ 项目导入

首页在吸引用户和增强体验方面发挥着关键作用，"小黄蜂"应用的"首页"通过导航和多样化的功能提升了用户的使用感受，并有助于提高购买转化率。

### ❖ 项目剖析

"小黄蜂"APP的"首页"呈现了清晰的导航栏、个性化推荐、醒目的滚动广告以及特色商品展示区。借助直观的菜单布局、高效的搜索工具和明确的分类标签，用户能快速找到感兴趣的商品或服务。图6-60为"首页"的最终效果。

图6-60  "首页"的最终效果

小黄蜂"首页"APP的结构及其相关参数如表6-2所示。

表6–2  "首页"的结构及其相关参数

| 项目结构 | 参数设置 |
|---|---|
| 导航栏 | 渐变色背景：尺寸为750×166 px，"渐变填充颜色"分别为#ffaa6f和#ff8836<br>搜索框：尺寸为635×54 px，"半径"为27 px，"填充颜色"为#ffffff<br>"搜索"图标、"相机"图标：尺寸为34×34 px，"填充颜色"为#c8c8c8<br>商品名称文字："字体"为"苹方"，"字号"为30点，"文本颜色"为#c8c8c8<br>分割线："宽度"为1 px，"高度"为26 px，"填充颜色"为#c8c8c8<br>搜索按钮：尺寸为104×50 px，"半径"为24 px，"填充颜色"为#ffaa6f和#ff8836<br>搜索文字："字体"为"苹方"，"字号"为28点，"文本颜色"为#fbfbfc<br>"信息"图标：尺寸为40×40 px，"填充颜色"为#ffffff |
| Banner | 尺寸为702×320 px，"半径"为10 px |

移动 UI 商业项目设计实战

06

| 项目结构 | 参数设置 |
| --- | --- |
| 分类区域 | 圆形尺寸为 95×95 px，图标尺寸为 55×55 px<br>"我的积分"图标：起始颜色和结束颜色分别为 #f67569 和 #f4b0b0<br>"抽奖"图标：起始颜色和结束颜色分别为 #ea482b 和 #ff9f76<br>"朋友圈"图标：起始颜色和结束颜色分别为 #34a5fa 和 #73d0ff<br>"签到"图标：起始颜色和结束颜色分别为 #8272cf 和 #a4b1e8<br>"每日精选"图标：起始颜色和结束颜色分别为 #39b76a 和 #78e5ac<br>"红包"图标：起始颜色和结束颜色分别为 #df2828 和 #ff7272<br>"邀请"图标：起始颜色和结束颜色分别为 #5278ff 和 #a1bdff<br>"百宝箱"图标：起始颜色和结束颜色分别为 #f2a405 和 #ffdda1<br>分类名称文字："字体"为"苹方"，"字号"为 22 点，"文本颜色"为 #333333 |
| 秒杀区 | 卡片尺寸为 702×240 px，"半径"为 10 px，"填充颜色"为 #ffffff<br>商品展示图：尺寸为 150×175 px，"半径"为 10 px<br>"标题"文字："字体"为"苹方"，"字号"为 30 点，"文本颜色"为 #333333<br>"剩余时间"文字："字体"为"苹方"，"字号"为 24 点，"文本颜色"为 #999999<br>"秒杀价"文字："字体"为"苹方"，"字号"为 22 点，"文本颜色"为 #666666<br>"疯狂秒杀"文字："字体"为"苹方"，"字号"为 24 点，"文本颜色"为 #333333 |
| 标签栏 | 图标：尺寸为 44×44 px，"填充颜色"分别为 #666666 与 #ef832a<br>文字："字体"为"苹方"，"字号"为 20 px，"文本颜色"分别为 #666666 与 #ef832a<br>头像圆形尺寸：90×90 px |

❖ 操作步骤

步骤 01 开启 Photoshop 软件，按 Ctrl+N 组合键，弹出"新建"对话框，"名称"命名为"首页"，参数设置如图 6-61 所示。

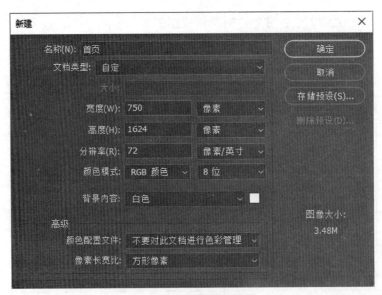

图6-61 "新建"对话框

**步骤 02** 制作导航栏。

（1）制作背景。使用"矩形工具"绘制背景的基本形状，在工具选项栏中单击"设置形状填充类型"，在下拉列表中选择"渐变"，参数设置如图6-62所示。渐变填充效果如图6-63所示。

图6-62　"渐变填充"对话框

图6-63　渐变填充效果

（2）选择"圆角矩形工具"，绘制圆角矩形，将其填充为白色，搜索框如图6-64所示；选择"椭圆工具""圆角矩形工具"，绘制"搜索""相机"图标，"搜索"图标的绘制过程如图6-65所示，"相机"图标的绘制过程如图6-66所示。选择"直线工具"，绘制分割线；然后选择"圆角矩形工具"，绘制搜索按钮，填充渐变色；接着选择"横排文字工具"，输入文字"搜索"，搜索按钮如图6-67所示。"信息"图标的绘制过程如图6-68所示。导航栏的最终效果如图6-69所示。

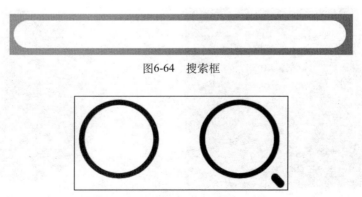

图6-64　搜索框

图6-65　"搜索"图标的绘制过程

图6-66 "相机"图标的绘制过程

图6-67 搜索按钮

图6-68 "信息"图标的绘制过程

图6-69 导航栏的最终效果

**步骤 03** 制作banner。选择"圆角矩形工具",绘制banner的基本形状,如图6-70所示;然后选择"移动工具",将"素材1"移至"圆角矩形"图层上方;再执行"图层"→"创建剪贴蒙版"命令,用下方的圆角矩形图层限制"素材1"。banner的最终效果如图6-71所示。

图6-70 banner基本形状

图6-71 banner的最终效果

**步骤 04** 制作"我的积分"图标。

(1)选择"椭圆工具",按Shift键绘制正圆形,在工具选项栏中选择"渐变填充",参数设置如图6-72所示,图层名改为"积分"。渐变效果如图6-73所示。

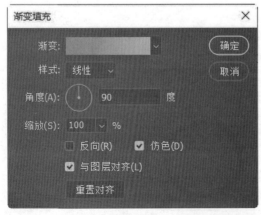

图6-72 "渐变填充"对话框

图6-73 渐变效果

（2）选中"积分"图层，执行"图层"→"复制图层"命令，出现"积分拷贝"图层；然后执行"滤镜"→"模糊"→"高斯模糊"命令，参数设置如图6-74所示，制作"积分"图标投影；再选择"移动工具"，将"积分拷贝"图层向下移动，"积分"图标投影效果如图6-75所示。

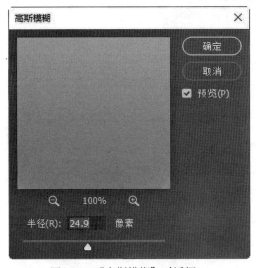

图6-74 "高斯模糊"对话框

图6-75 "积分"图标投影效果

（3）选择"钢笔工具""直接选择工具""转换点工具"，绘制不规则形状，将其填充为白色，设置图层不透明度为40%，不规则形状如图6-76和图6-77所示。选中"不规则形状1""不规则形状2"，执行"图层"→"创建剪贴蒙版"命令，用下方的圆形图层限制"不规则形状"的显示区域，剪贴蒙版效果如图6-78所示。

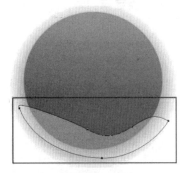

图6-76 绘制不规则形状1

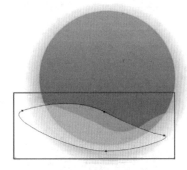

图6-77 绘制不规则形状2

图6-78 剪贴蒙版效果

（4）选择"钢笔工具""直接选择工具""椭圆工具""矩形工具"，绘制"积分"图标，"积分"图标的绘制过程如图6-79所示。"我的积分"图标的最终效果图如图6-80所示。

图6-79 "我的积分"图标的绘制过程

图6-80　"我的积分"图标的最终效果

**步骤 05**　参考 **步骤 04** 的制作方法，绘制"抽奖"图标、"朋友圈"图标、"签到"图标、"每日精选"图标、"红包"图标、"邀请"图标和"百宝箱"图标。选择"横排文字工具"，输入各分类图标的名称。分类图标的最终效果如图6-81所示。

图6-81　分类图标的最终效果

**步骤 06**　制作秒杀区。

（1）选择"圆角矩形工具"，绘制圆角矩形，"填充颜色"设置为白色，如图6-82所示。

图6-82　秒杀区的基本形状

（2）选择"圆角矩形工具"，绘制商品展示区基本形状，如图6-83所示；然后选择"移动工具"，将"素材2"移至"圆角矩形"图层上方；再执行"图层"→"创建剪贴蒙版"命令，用下方的圆角矩形图层限制商品素材的显示区域，如图6-84所示。

图6-83　商品展示区基本形状

图6-84　商品展示图的效果

（3）选择"横排文字工具"，输入商品名称、商品信息、商品价格等相关文字信息，文字属性参考"首页"相关参数设置，如图 6-85 所示。图 6-86 为秒杀区的整体效果。

图6-85　添加文字后的效果

图6-86　秒杀区的整体效果

**步骤 07** 制作标签栏。

（1）选择"钢笔工具""直接选择工具"，绘制标签栏的基本形状，如图6-87所示；然后单击图层面板下方的"添加图层样式"按钮，选择"投影"选项，为标签栏添加投影，投影参数设置如图6-88所示。图6-89为标签栏的投影视觉效果。

图6-87　标签栏基本形状

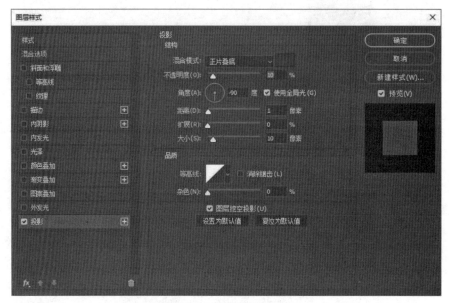

图6-88　"投影"对话框

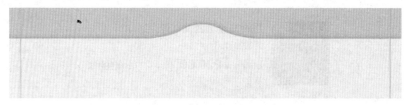

图6-89　标签栏的投影视觉效果

（2）制作"首页"图标。选择"钢笔工具""直接选择工具"，绘制"首页"图标，如图6-90所示；然后单击图层面板下方的"添加图层样式"按钮，选择"渐变叠加"选项，参数设置如图6-91所示，为图标添加渐变；再选择"横排文字工具"，输入文字"首页"。图6-92为"首页"图标的整体效果。

图6-90　"首页"图标的绘制过程

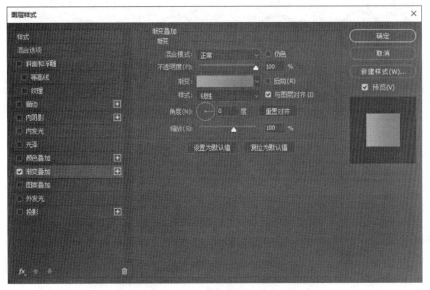

图6-91　"渐变叠加"对话框

图6-92　"首页"图标的整体效果

（3）参考 步骤 02 的方法，制作标签栏中的其他图标。图6-93为"商城"图标的绘制过程，图6-94为"头像"图标的绘制过程，图6-95为"购物车"图标的绘制过程，图6-96为"我的"图标的绘制过程。标签栏的整体效果如图6-97所示。

图6-93　"商城"图标的绘制过程

图6-94　"头像"图标的绘制过程

图6-95　"购物车"图标的绘制过程

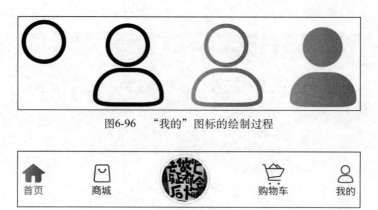

图6-96　"我的"图标的绘制过程

图6-97　标签栏的整体效果

步骤 08　修改图层名称，将同一类别的图层编组。"首页"的最终效果如图6-98所示。

图6-98　"首页"的最终效果

## 本章总结

● 掌握如何剖析电商类购物 APP 的设计需求。

- 能够根据项目设计需求，按照工作规范设计界面。
- 掌握整个电商类购物 APP 界面设计的过程。

## 课后习题

### 1.简答题

(1) 设计电商 APP 项目时，需从哪几个方面对项目定位？

(2)"小蜜蜂" APP 的主要优势有哪些？

(3) 简述电商 APP 中"首页""商城""积分""购物车"页的作用。

### 2.实操题

参照本章界面的制作流程和方法，制作两个电商页，效果如图6-99和图6-100所示。

图6-99　电商页1

图6-100　电商页2

扫码获取
- AI智能辅导
- 配套资源
- 精品课程
- 进阶训练

# 第7章

# 游戏UI设计

扫码观看视频

## 📑 学习目的

- 本章将介绍游戏类 APP 的优点、游戏类 APP 的类型、游戏项目的分析、游戏类 APP 的功能以及设计流程等。这将帮助读者更深入地掌握设计原理，从而提升用户的游戏体验，增强游戏的趣味性，有效传递游戏信息，营造游戏环境并提高品牌价值感。

## 📑 学习内容

- 游戏类 APP 的优势。
- 不同类别的游戏 APP。
- 游戏类 APP 项目的要点。
- 制作游戏类 APP 界面的技术。

## 📑 学习重点

- 如何细化游戏类 APP 的项目需求。
- 游戏类 APP 界面的设计。

## 📑 数字资源

- 【本章素材】："素材文件\第7章"目录下。

## 📑 效果欣赏

##  7.1 项目定位

在移动APP的众多选项中，游戏类APP以其独特的魅力占据了一席之地，吸引了不同年龄段的用户。它不仅是人们享受休闲时光的一个选择，也是许多人在忙碌工作中自我放松的一种方式。

### 7.1.1 游戏类APP的优势

游戏类APP作为数字娱乐的一种形式，展现了其独特的优势。它不仅为人们提供了娱乐和放松，还为人们带来了社交互动、创意表达以及学习新技能的空间。随着技术的不断进步，这些优势有望进一步扩大，为用户带来更加丰富和更加多样化的体验。

**1. 娱乐和放松**

游戏类APP提供了一种轻松愉快的娱乐方式，让用户在忙碌的生活中能够找到一种放松的方式。通过游戏，用户得以在紧张的生活节奏中寻找轻松和愉悦，从而缓解压力，享受游戏带来的快乐。

**2. 提升思维与技能**

游戏类APP提供了多样化的游戏类型和风格，以满足不同用户的喜好和需求。从冒险、益智、模拟经营到角色扮演，每个人都能找到喜爱的游戏。这些游戏鼓励用户发挥创造力，让他们在游戏过程中锻炼创新和解决问题的能力。

**3. 互动交流的平台**

APP程序不仅提供个人娱乐空间，也成为了人们交流和互动的平台。用户可以通过与他人互动，建立友谊、形成协作团队，并享受集体体验的乐趣。通过应用促进社交的方式让娱乐APP成为人与人沟通的桥梁，缩短了情感距离。

**4. 娱乐与教育的结合**

游戏类APP开辟了娱乐与教育相结合的新路径。许多寓教于乐的APP以有趣的方式教授知识，提供学习机会。这些APP中的学习模式能够点燃学习热情，提升教育成效，同时学习解决问题的技巧，让用户在轻松愉快的过程中学到新知识和技能。

**5. 激发创造力和想象力**

游戏类APP能以多种方式激发创造力和想象力，它提供自由探索的环境和多样的角色扮演。这种模拟体验不仅激发了用户的创造力和想象力，也提供了一种沉浸式的体验，让获取技能和知识的过程变得更加直观和有趣。

###  7.1.2 游戏的类型

**1. 益智类游戏**

益智类游戏的目的是提升逻辑思维、增强记忆力、开发智力、提高专注力、娱乐与放松、培养解决问题的能力、训练反应速度和手眼协调能力，如拼图、迷宫探险、数独等。

### 2. 冒险类游戏

冒险类游戏是一种广受欢迎的游戏类型，它通常有丰富的情节和多样化的任务，为玩家提供了一个充满挑战和探索的虚构世界，体验到紧张刺激的游戏世界。这类游戏适合喜欢挑战智力和反应能力的玩家，同时也吸引了许多喜欢沉浸式游戏体验的玩家。在这类游戏中，玩家需要通过破解谜题、战胜敌人以及完成各种任务推进游戏的进程。

### 3. 模拟类游戏

模拟类游戏是一种比较流行的游戏类型，通过虚拟环境再现现实生活中的各种场景和活动。这些游戏通常要求玩家在特定场景中扮演角色，管理资源并做出决策，以实现游戏目标。

### 4. 角色扮演类游戏

角色扮演类游戏为玩家提供了一个充满挑战和乐趣的虚拟世界，是一种深受玩家喜爱的游戏类型，它允许玩家扮演虚构角色，在一个沉浸式的游戏世界中进行探险、对抗和与他人互动。

### 5. 竞技类游戏

竞技类游戏是以玩家之间的竞争为核心的电子游戏，它通常具有高对抗性和高技巧要求的特点。竞技类游戏高度的竞争性和团队协作的特点，不仅考验玩家的操作技巧，还考验玩家的战术布局和心理素质。

### 6. 休闲类游戏

休闲类游戏是指规则简单、易于上手、玩法轻松且不需要长时间投入的电子游戏，它通常适合短暂休息时间内的娱乐和放松。

## 7.2 项目优势

"筑梦前行"APP设计主要具备以下优点。

### 1. 易于上手，短暂游戏回合

"筑梦前行"的游戏规则简单明了，控制方式直观易懂，玩家仅需通过轻触屏幕的操作，即可消除相应的图块或图案，以赢取积分。

### 2. 游戏快节奏体验

"筑梦前行"APP以快速的节奏展开，玩家在限定时间内尽可能多地消除图块或图案。这种快节奏增强了游戏的紧迫感和挑战性。

### 3. 多样化的关卡与任务

"筑梦前行"APP设有众多不同的关卡和挑战模式，玩家需要逐级通过，并解锁后续更具挑战性的关卡。每个等级或挑战都设定了特有的目标与限制条件，这增加了游戏的多样性和挑战性。

### 4. 丰富的奖励与辅助道具

"筑梦前行"APP 中引入了各式各样的奖励与辅助工具，以帮助玩家提高游戏成绩。例如，"炸弹"道具可以帮助玩家一次性清除多个图块；时间延长道具可以帮助玩家延长游戏时间等。这些奖励和工具增强了游戏的策略性和娱乐性。

## 7.3 项目功能介绍

### 1. "首页"页

通过使用醒目的颜色和吸引人的动画效果，设计富有趣味性的游戏图标和按钮，以提升游戏的娱乐性和参与度。页面清晰呈现游戏的特色和功能，吸引用户的注意，激发用户对游戏的强烈兴趣。

### 2. "注册"页

通过独特的颜色搭配、图案创意和字体，塑造一个富有特色的视觉风格。简洁明了的设计使得注册过程中的必填信息清晰可见，简化的操作步骤和填写过程提升了用户在注册阶段的体验感。

### 3. "开始游戏"页

该页面通过无限的创意和突出的视觉效果，吸引用户的目光，激发他们的探索欲望，增强游戏的吸引力。

### 4. "游戏"页

鲜明的配色方案凸显了游戏的乐趣和紧张刺激感，合理的界面布局能帮助用户把握游戏进程，这些都提升了游戏的体验感。

### 5. "换装"页

通过提供个性化的外观、主题或布局更换服务，让玩家在游戏风格中展现独特的风采，满足了他们对角色形象的不同需求和喜好。

## 7.4 "筑梦前行" APP

### ❖ 工作任务描述

"筑梦前行"APP 是一款以提升智力和认知技能为目标的解谜游戏，它通过快乐的方式帮助用户提高解决问题的能力、逻辑思考的能力，以及记忆力。为了增加对用户的吸引力，需要为这款游戏设计一个具有吸引力的启动图标和主屏幕界面。

❖ **具体要求**

（1）根据任务要求设计作品，在设计过程中保证作品以企业需求为导向、界面清晰、设计元素的风格保持一致。

（2）设计作品时，应考虑其所需展现的功能，并结合现实生活情境，选择最恰当的表现手法，确保设计有实际的支撑。

（3）设计作品的交付要求：手绘草图方案1份，logo设计图方案1份，主界面设计作品初稿文件4份，二稿作品修改文件4份，同一文件分别存储为PSD和JPG两种格式。

### 📖 项目一　"筑梦前行"APP —— 启动图标

❖ **项目描述**

启动图标作为用户与应用程序或网站首次互动的触点，扮演着标志性的角色。它不仅是产品的第一视觉象征，还传递了品牌的形象，对塑造用户的最初印象起着关键作用。

❖ **项目剖析**

（1）logo尺寸：1 024 × 1 024 px。

（2）分辨率：72 ppi。

（3）色彩：为了与APP保持一致，选择米黄色作为主色调。

（4）"筑梦前行"APP的启动图标，通过拟人化的设计手法，不仅凸显了游戏的传统和经典特质，还为图标注入了独特魅力和趣味性，使用户在每次打开游戏时都能沉浸在浓郁的游戏氛围中，享受愉悦的体验。在设计过程中，要保持图标的轮廓清晰、对比度适宜，以确保它在不同尺寸和分辨率的设备上均能清晰可辨。"筑梦前行"APP启动图标如图7-1所示。

图7-1　"筑梦前行"APP启动图标

❖ **操作步骤**

**步骤 01** 开启 Photoshop 软件，按Ctrl+N组合键，弹出"新建"对话框，"名称"命名为"筑梦前行手游启动图标"，参数设置如图7-2所示。单击"确定"按钮后，弹出工作画布。

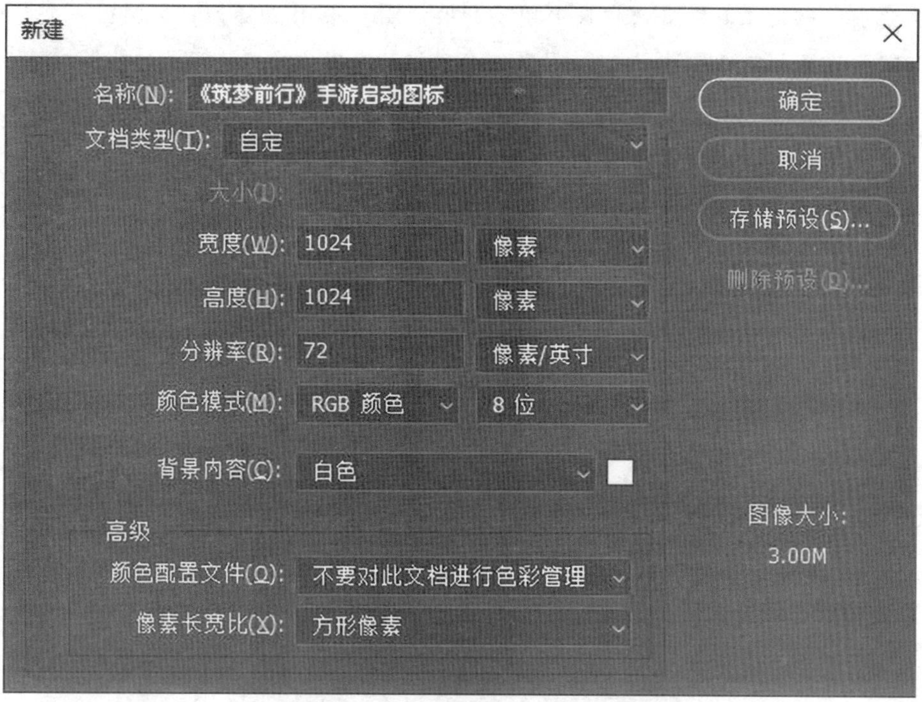

图7-2 "新建"对话框

**步骤 02** 选择"圆角矩形工具" ▢，在工具选项栏中单击"设置形状填充类型"，选择"渐变"选项，渐变颜色分别设置为#fff5f5和#f5d2af，"旋转渐变"设置为–73，参数设置如图7-3所示。选择"设置形状描边宽度"选项，"填充颜色"设置为#140a00，"描边宽度"设置为10 px，然后按Shift键绘制圆角矩形，如图7-4所示，再将图层名改为"启动图标底图"。

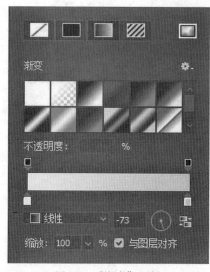

图7-3 "渐变"面板

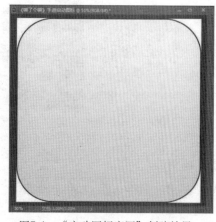

图7-4 "启动图标底图"创建效果

**步骤 03** 制作头部装饰点。

（1）选择"椭圆工具"，在工具选项栏中单击"形状"选项，"填充颜色"设置为#000000，按Shift键绘制正圆形，如图7-5所示。

（2）选择"移动工具"并选中圆形图层，按住Shift键移动圆形，复制出多个圆形副本，然后选中需要改变大小的圆形，按Ctrl＋T组合键进行自由变换。装饰点的效果如图7-6所示。

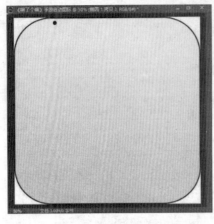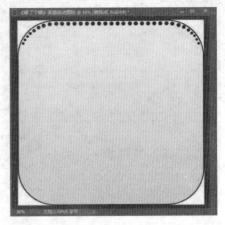

图7-5 绘制正圆形　　　　　　　　　　　图7-6 装饰点的效果

（3）选择所有装饰点图层，按Ctrl+G组合键，创建新组，并将组名改为"装饰点"，如图7-7所示。

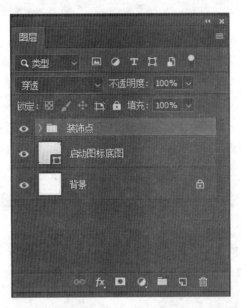

图7-7 装饰点编组

**步骤 04**　绘制眉毛。

（1）选择"钢笔工具"，在工具选项栏中选择"路径"选项，点击"设置形状填充类型"，选择"渐变"选项，设置起始颜色为#fff5f5、结束颜色为#f5d2af、"旋转渐变"值为−90。选择"设置形状描边宽度"选项，"描边颜色"设置为#140a00，"形状描边宽度"设置为15 px。点击"形状描边类型"，"对齐"设置为"居中"，如图7-8所示；"端点"设置为"圆形"，如图7-9所示；"角点"设置为"圆形"，如图7-10所示。

图7-8  设置"对齐"属性

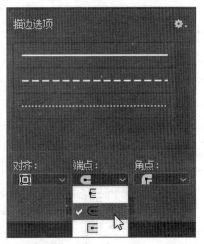

图7-9  设置"端点"属性

图7-10  设置"角点"属性

（2）选择"钢笔工具""转换点工具""直接选择工具"，绘制眉毛，如图7-11所示。

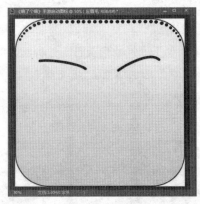

图7-11  绘制眉毛

步骤 05  绘制眼镜。

（1）绘制眼镜框。选择"钢笔工具"绘制眼镜框，参考 步骤 04 中"钢笔工具"的属性设置，绘制眼镜框，如图7-12所示。

（2）设置眼镜颜色。参考 步骤03 中"钢笔工具"的颜色设置参数，设置起始颜色为 #321e23、结束颜色为 #504141，设置"描边颜色"为 #140a00、"描边宽度"为 15 px。图7-13 为填充眼镜颜色的效果。

（3）制作眼镜高光效果。选择"钢笔工具"，绘制高光形状，"填充颜色"设置为 #ffffff，如图7-14所示。

图7-12　绘制眼镜框　　　　　图7-13　填充眼镜颜色的效果　　　　　图7-14　绘制高光

（4）执行"滤镜"→"模糊"→"高斯模糊"命令，弹出"高斯模糊"对话框，参数设置如图7-15所示。图7-16为眼镜的高光效果。

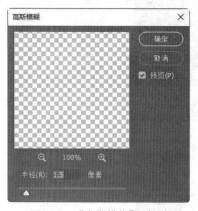 

图7-15　"高斯模糊"对话框　　　　　　　图7-16　眼镜的高光效果

步骤06　绘制鼻子。选择"钢笔工具"，参考 步骤04 设置参数，绘制鼻子，如图7-17所示。

步骤07　绘制嘴巴。选择"钢笔工具"绘制嘴巴，"填充颜色"设置为 #e60014，如图7-18所示。

图7-17　绘制鼻子　　　　　　　图7-18　绘制嘴巴

**步骤 08** 选择"钢笔工具",绘制腮红,"描边颜色"设置为#be0000,如图7-19所示,然后设置"设置形状描边宽度"为15 px。腮红的效果如图7-20所示。

图7-19 "拾色器(描边颜色)"对话框          图7-20 腮红的效果

**步骤 09** 输入文字。选择"横排文字工具",输入文字"北",如图7-21所示,文字的参数设置如图7-22所示。

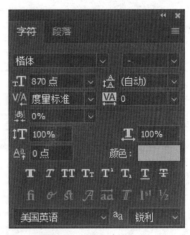

图7-21 输入文字              图7-22 设置文字参数

**步骤 10** 修改图层的名称并调整图层的顺序,启动图标的最终效果如图7-23所示。

图7-23 启动图标的最终效果

❖ 项目描述

登录页面是APP的门户，它是用户与产品之间的首次交流，为用户打造一个难忘的首秀，可以提高注册成功率。

❖ 项目剖析

在设计"筑梦前行"APP的"注册"页时，需要先确定用户界面上各个关键控件的布局和功能，如名称、账号、密码、注册框等，最后选择卡通形象和颜色作为装饰。"注册"页的最终效果如图7-24所示。

图7-24 "注册"页的最终效果

"筑梦前行"APP"注册页"的结构及相关参数如表7-1所示。

表7-1 "注册"页的结构及相关参数设置

| 项目结构 | 参数设置 |
| --- | --- |
| 背景色 | "填充颜色"为#231914 |
| "筑梦前行"文字 | "填充颜色"为#231914<br>外部轮廓的"填充颜色"为#ffffff，"描边颜色"为#be0000，"设置形状类型描边宽度"为10 px |
| 卡通人物 | "填充颜色"分别为#46aa98、#57cfba、#6bffe4、#e1d9d9、#ffffff |

| 项目结构 | 参数设置 |
|---|---|
| 翅膀 | "填充颜色"分别为#237a61、#bfd9ca、#eff5f2 |
| 账户信息 | 输入框尺寸：670×100 px，"圆角半径"为20 px，"填充颜色"为#ffffff<br>图标：尺寸为64×40 px，"填充颜色"为1296DB<br>"输入"文字："字体"为"苹方"，"字号"为38点，"文本颜色"为#999999<br>"发送验证码"文字："字体"为"苹方"，"字号"为30点，"文本颜色"为#14a0ff |
| 注册区域 | 尺寸为400×88 px，"填充颜色"分别为#3ca5fa、#64c8ff<br>"立即注册"文字："字体"为"苹方"，"字号"为32点，"文本颜色"为#ffffff<br>"注册成功"文字："字体"为"苹方"，"字号"为28点，"文本颜色"为#1e1e1e<br>"立即注册"文字："字体"为"苹方"，"字号"为28点，"文本颜色"为#14a0ff |

❖ **操作步骤**

**步骤01** 开启Photoshop软件，按Ctrl+N组合键，弹出"新建"对话框，命名为"注册页"，"宽度""高度"分别设置为750 px和为1 624 px、"分辨率"设置为72 ppi、"颜色模式"设置为"RGB颜色"、"背景内容"设置为"白色"，如图7-25所示。

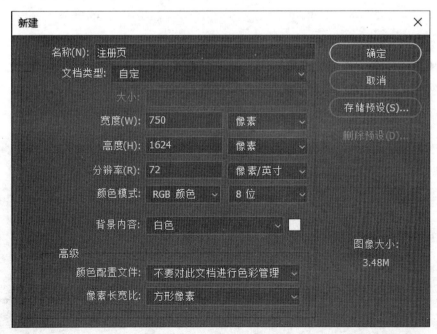

图7-25 "新建"对话框

**步骤02** 制作文档背景。设置"前景色"为#c8faff，执行"编辑"→"填充"命令，弹出"填充"对话框，参数设置如图7-26所示。填充效果如图7-27所示。

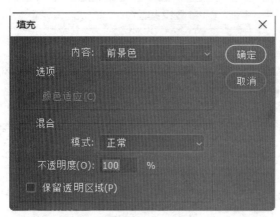

图7-26 "填充"对话框

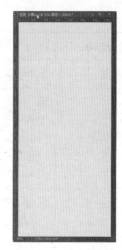

图7-27 填充效果

**步骤 03** 选择"钢笔工具""转换点工具"和"直接选择工具",绘制"筑梦前行"文字,"填充颜色"设置为#231914,如图 7-28 所示。选择"钢笔工具",在"筑梦前行"文字外部绘制轮廓,"填充颜色"设置为#ffffff,"描边颜色"设置为#be0000,"设置形状类型描边宽度"设置为 10 px。轮廓效果如图 7-29 所示。

图7-28 文字效果                 图7-29 轮廓效果

**步骤 04** 绘制卡通形象。

(1)按Ctrl+O组合键,弹出"打开"对话框,选择"注册草图"文件,单击"打开"按钮,如图 7-30 所示。将打开的"注册草图"文档移至注册页文档内,将图层命名为"草图",如图7-31 所示。

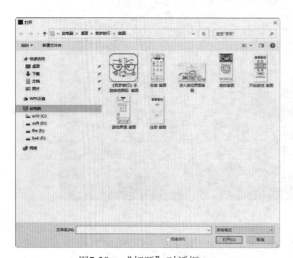

图7-30 "打开"对话框

图7-31 注册页草图

（2）将"草图"图层的"不透明度"设置为50%，如图7-32所示。

（3）在"草图"图层的下方新建图层，命名为"卡通人物线稿"，选择"钢笔工具""直接选择工具""转换点工具"，绘制卡通人物的线稿，如图7-33所示。

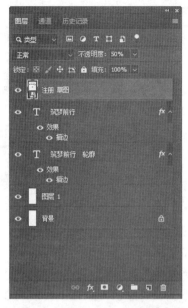 

图7-32 "草图"图层不透明度设置　　　图7-33 卡通人物线稿

（4）选择"钢笔工具""直接选择工具""转换点工具"，绘制翅膀，如图7-34所示。在工具选项栏上点击"设置形状填充类型"，"填充颜色"分别设置为#6bffe4、#57cfba、#ff73bf、f79459等，填充效果如图7-35所示。

图7-34 绘制翅膀的过程

图7-35 填充卡通形象的颜色

（5）选择"椭圆工具"，绘制椭圆形，"填充颜色"设置为#50828c，然后执行"滤镜"→"模糊"→"高斯模糊"命令，弹出"高斯模糊"对话框，参数设置如图7-36所示。卡通形象的投影效果如图7-37所示。

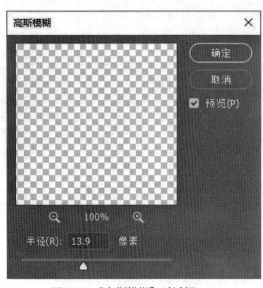

图7-36 "高斯模糊"对话框

图7-37 卡通形象的投影效果

**步骤 05** 制作用户输入框。

（1）选择"圆角矩形工具"，"宽度""高度"分别设置为 670 px 和 100 px，"半径"设置为 20 px，绘制圆角矩形，参数设置如图 7-38 所示；然后设置"填充颜色"为 #ffffff，输入框效果如图 7-39 所示。

图7-38 "圆角矩形"相关属性

图7-39 输入框效果

（2）选择"钢笔工具""直接选择工具""转换点工具"，绘制手机和验证码的图标，图标的制作过程如图 7-40 所示。

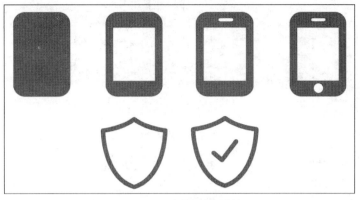

图7-40　图标的制作过程

（3）选择"横排文字工具"，在圆角矩形内输入文字"请输入手机号"，设置"字体"为"黑体"、"字号"为38点、"文本颜色"为#999999。账号输入框的效果如图7-41所示。

图7-41　账号输入框的效果

（4）选择"横排文字工具"，在圆角矩形内分别输入文字"短信验证码""发送验证码"，"字体"设置为"黑体"，"字号"分别设置为38点和30点，"文本颜色"分别设置为#999999和#14a0ff。验证码输入框的效果如图7-42所示。

图7-42　验证码输入框的效果

**步骤 06** "登录"按钮的制作。

（1）选择"圆角矩形工具"，绘制信息框。选择"圆角矩形工具"，创建一个宽度为400 px、高度为88 px、4个圆角半径均为5 px的圆角矩形；然后在工具选项栏上点击"设置形状填充类型"，在下拉面板中选择"渐变"，"填充颜色"分别设置为#3ca5fa和#64c8ff4。"登录"按钮的效果如图7-43所示。

图7-43　"登录"按钮的效果

（2）选择"横排文字工具"，输入文字"立即注册"，设置"字体"为"黑体"、"字号"为32点、"文本颜色"为#ffffff。登录框的效果如图7-44所示。

图7-44　登录框的效果

（3）选择"横排文字工具"，输入文字"注册成功"，设置"字体"为"黑体"、"字号"为28点、"文本颜色"为#1e1e1e。选择"横排文字工具"，输入文字"[去下载]"，设置"字体"为"黑体"、"字号"为28点、"文本颜色"为#14a0ff。

**步骤 05**　修改图层名称，将同一类别的图层编组，完成"注册"页的制作。"注册"页的最终效果如图7-45所示。

图7-45　"注册"页的最终效果

## 项目三　"筑梦前行"APP——"首屏"页

### ❖ 项目描述

"首屏"页是吸引和激发用户对游戏热情的关键要素，它不仅能够抓住用户的眼球，还能向用户展示游戏的相关信息，从而提升用户的参与度和体验感。

### ❖ 项目剖析

在设计"筑梦前行"APP的"首屏"页时，以该游戏的草图设计为蓝本，通过巧妙运用图形和文本等元素，向用户展现游戏特色。这样的展现方式不仅有助于用户理解游戏，而且能增强他们的代入感。"首屏"页就是要激发用户对游戏内故事的好奇和兴趣。"首屏"页的最终效果如图7-46所示。

图7-46 "首屏"页的最终效果

❖ 操作步骤

**步骤 01** 开启 Photoshop 软件，按 Ctrl+N 组合键，弹出"新建"对话框，"名称"命名为"开始游戏"，设置"宽度"为 750 px、"高度"为 1 624 px、"分辨率"为 72 ppi、"颜色模式"为"RGB 颜色"、"背景内容"为"白色"，如图 7-47 所示。

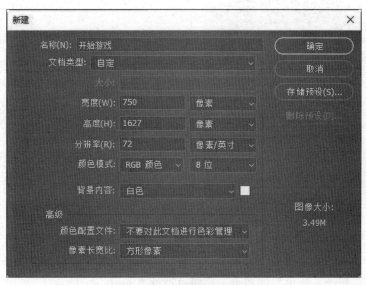

图7-47 "新建"对话框

**步骤 02** 参考项目二中的**步骤 02**制作首屏的背景，如图7-48所示。填充后的效果如图7-49所示。

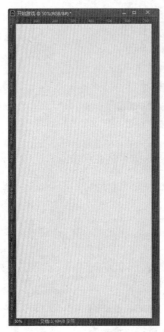

图7-48　背景制作效果　　　　　　　　　　图7-49　填充效果

**步骤 03** 绘制游戏桌。

（1）选择"圆角矩形工具"，绘制圆角矩形，"宽度""高度"分别设置为420 px和360 px，"半径"设置为5 px，"填充颜色"设置为#e68c5a，参数如图7-50所示；然后将图层名改为"游戏桌"。游戏桌外框效果如图7-51所示。

图7-50　圆角矩形的参数　　　　　　　　图7-51　游戏桌外框效果

（2）选中"游戏桌"图层，执行"图层"→"复制图层"命令，弹出"复制图层"对话框，将图层名修改为"游戏桌中间桌面"，如图7-52所示；然后按F8键，弹出"属性"面板，设置相关属性，参数设置如图7-53所示。中间桌面效果如图7-54所示。

图7-52 "复制图层"对话框

图7-53 "属性"面板

图7-54 中间桌面效果

（3）选择"钢笔工具"，绘制蓝色不规则矩形，"填充颜色"设置为#46c3f0，不规则形状效果如图 7-55 所示。

（4）选择"钢笔工具""矩形工具""直接选择工具"，绘制游戏桌中间的装饰图形，"填充颜色"分别设置为#46c3f0、#55d7ff、#f5f5f5 和#ffffff，装饰图形的效果如图 7-56 所示。

图7-55 不规则矩形效果

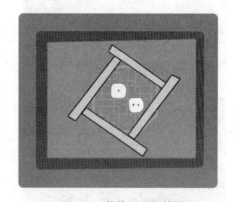

图7-56 装饰图形的效果

**步骤 04** 卡通人物的编辑。

（1）打开项目二"注册页源文件"，选择"移动工具"，将该文件中的"卡通人物"复制至当前窗口中，效果如图7-57所示。

图7-57　复制卡通人物

（2）选中卡通人物的各个图层，选择"钢笔工具"，单击工具选项栏中的"设置形状填充类型"，在下拉列表中选择填充颜色，"填充颜色"分别设置为#6bbeff、#579acf，如图7-58所示，修改"卡通人物"的颜色。图7-59为修改颜色后的卡通人物。

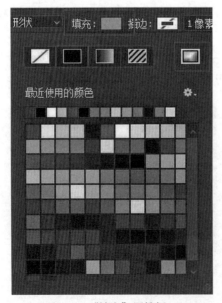

图7-58　"填充"属性框

图7-59　修改颜色后的卡通人物

（3）选择"横排文字工具"，输入文字"中"，设置"字体"为"黑体"、"字号"为"24点"、"颜色"为d20000，"字符"面板如图7-60所示。编辑后的文字效果如图7-61所示。

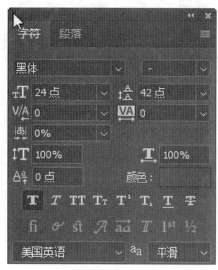

图7-60 "字符"面板

图7-61 编辑后的文字效果

（4）参考 步骤03 的方法，制作多个卡通人物。选择卡通人物图层，执行"编辑"→"自由变换"命令，完成卡通人物的旋转并移至合适的位置，如图7-62所示。图7-63为卡通人物的最终效果。

图7-62 添加文字后的效果

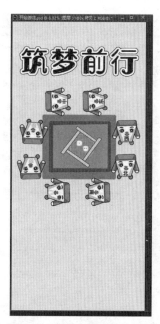

图7-63 卡通人物的最终效果

步骤05 制作"开始游戏"的按钮。

（1）选择"圆角矩形工具"，分别创建白色和青色的圆角矩形，参数设置分别如图7-64和图7-65所示。

图7-64 白色圆角矩形的参数

图7-65 青色圆角矩形的参数

（2）选择"移动工具"，将青色圆角矩形图层放在白色圆角矩形图层的上方，执行"图层"→"创建剪贴蒙版"命令。剪贴蒙版的效果如图7-66所示。

（3）选择"横排文字工具"，输入文字"开始游戏"，设置字体为"汉仪星球体W"、"字号"为64点、"文本颜色"为#000000。文字效果如图7-67所示。

图7-66 剪贴蒙版的效果

图7-67 文字效果

（4）选择"横排文字工具"，输入相关文字，设置"字体"为"黑体"、"字号"为"20点"、"文本颜色"为#1e1e1e，参数设置如图7-68所示。图7-69为编辑后的文字效果。

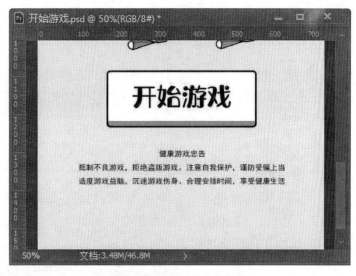

| 图7-68　"字符"面板 | 图7-69　编辑后的文字效果 |

**步骤 06**　修改图层名称，将同一类别的图层编组。图 7-70 为"首屏"页的最终效果。

图7-70　"首屏"页的最终效果

■ 项目四　"筑梦前行"APP——"竞技"页

❖ 项目描述

"竞技"页是用户与游戏之间的桥梁，直接影响着用户的游戏体验。作为一个重要的界面，它承载着用户与游戏世界之间的互动和沟通。一个优秀的页面设计不仅能够吸引用户的注意力，还能够提供丰富的功能和良好的性能，让用户在游戏中获得更好的体验和乐趣。

❖ 项目剖析

"竞技"页面作为用户与游戏之间的桥梁，清晰地展示了当前游戏的状态，还通过多样的卡通形象、绚丽的颜色等元素表达了游戏的特点和氛围，以增加玩家的代入感和参与感。"竞技"页的最终效果如图7-71所示。

图7-71　"竞技"页最终效果

❖ 项目制作流程

步骤 01　开启 Photoshop 软件，按 Ctrl+N 组合键，弹出"新建"对话框，"名称"命名为"竞技"，"背景内容"的填充色设置为 #c8faff，参数设置如图7-72所示。图7-73为填充的效果。

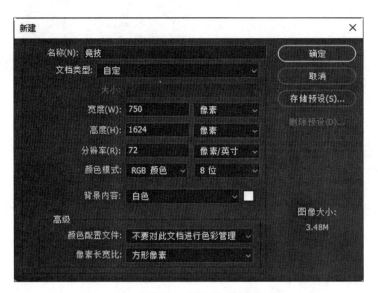

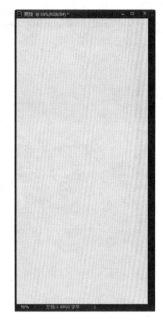

图7-72　"新建"对话框　　　　　　　　　　图7-73　填充的效果

**步骤 02**　绘制顶部插图。

（1）按Ctrl+O组合键，弹出"打开"对话框，选择"进入游戏界面插图"文件，单击"打开"按钮，如图 7-74 所示。将打开的图片移至"竞技"图像窗口内，如图 7-75 所示。

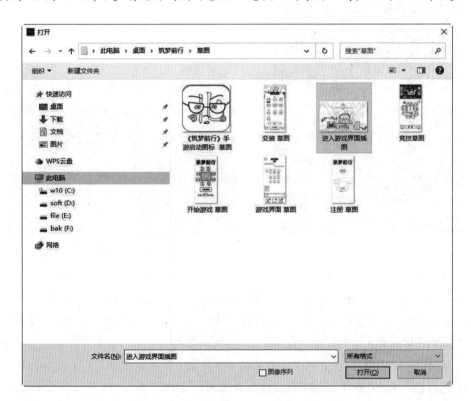

图7-74　"打开"对话框

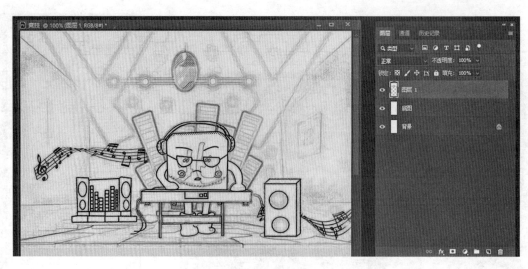

图7-75　置入草图

（2）将刚置入图片的图层名改为"注册草图"，将其"不透明度"设置为50%，如图7-76所示。

（3）新建图层并命名为"插图上色"，将其移至"注册草图"图层的下方，可以根据个人的喜好对卡通形象进行填充，填充效果如图7-77所示。

图7-76　设置图层不透明度

图7-77　填充效果

**步骤 03**　制作戴帽子的卡通形象。

（1）打开项目二"注册页源文件"，将文件中的卡通形象拖入当前"竞技"图像窗口中，选择"移动工具"，分别选中"卡通人物"的各个图层；然后选择"钢笔工具"，单击工具选项栏中的"设置形状填充类型"选项，为6个"卡通人物"设置不同的颜色。红色卡通形象的"填充颜色"为#ff6b74、#cf575e；黄色卡通形象的"填充颜色"为#eded02、#dbdb40；紫色卡通形象的"填充颜色"为#936bff、#7857cf；玫红色卡通形象的"填充颜色"为#ff6be5、#7857cf；绿色卡通形象的"填充颜色"为#6bffe4、#57cfba；蓝色卡通形象的"填充颜色"为#6bbeff、#579acf。填充颜色后的效果分别如图7-78～图7-83所示。

图7-78　红色卡通形象

图7-79　黄色卡通形象

图7-80　紫色卡通形象

图7-81　玫红色卡通形象

图7-82　绿色卡通形象

图7-83　蓝色卡通形象

（2）制作帽子。选择"钢笔工具""直接选择工具""转换点工具"，制作帽子的基本形状，如图7-84所示；然后绘制帽子的亮色区域，如图7-85所示；再执行"图层"→"创建剪贴蒙版"命令，用"帽子基本形状"图层限制"帽子两个区域"图层，如图7-86所示。帽子的整体效果如图7-87所示。蓝色卡通人物的整体效果如图7-88所示。

图7-84　帽子的基本形状

图7-85　帽子的亮色区域

图7-86　剪贴蒙版效果

图7-87　帽子的整体效果

203

图7-88　蓝色卡通人物的整体效果

（3）制作星星。选择"钢笔工具""直接选择工具""转换点工具"，绘制星星的基本形状，如图7-89所示，将图层名改为"星星"。执行"图层"→"复制图层"命令，副本为"星星拷贝"图层，设置"填充颜色"为深黄色，单击图层面板下方的"添加图层蒙版"按钮，为其添加图层蒙版；然后选择"画笔工具"，设置"不透明度"为40%，设置"前景色"为黑色，在图层蒙版上将"星星拷贝"图层的中间区域隐藏；选择"钢笔工具""椭圆工具"，制作"星星"的高光点及装饰形状，如图7-90所示。黄色卡通人物的整体效果如图7-91所示。

图7-89　星星的基本形状

图7-90　星星的整体效果

图7-91　黄色卡通人物的整体效果

（4）制作紫色蝴蝶结。选择"钢笔工具""直接选择工具""转换点工具"，绘制"紫色蝴蝶结"的基本形状、线条、高光点和星星，如图7-92～图7-94所示；然后选中"星星"图层，单击图层面板下方的"添加图层样式"按钮，选择"斜面与浮雕"选项，为其添加立体效果，参数设置如图7-95所示；接着选择"钢笔工具"，绘制"星星"的高光点，"蝴蝶结"的整体效果如图7-96所示。紫色卡通人物的整体效果如图7-97所示。

图7-92 蝴蝶结的基本形状

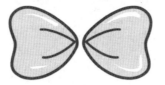

图7-93 蝴蝶结的细节

图7-94 星星的制作

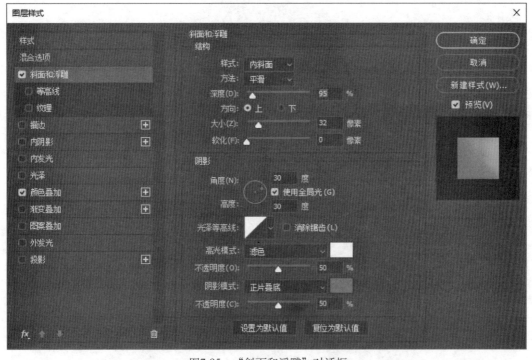

图7-95 "斜面和浮雕"对话框

图7-96 蝴蝶结的整体效果

图7-97 紫色卡通人物的整体效果

（5）制作粉色蝴蝶结。选择"钢笔工具""直接选择工具""转换点工具"，绘制粉色蝴蝶结的基本形状，再使用相关工具制作粉色蝴蝶结的高光点及装饰形状，如图7-98所示。粉色卡通人物的整体效果如图7-99所示。

图7-98　蝴蝶结的绘制过程

图7-99　粉色卡通人物的整体效果

（6）复制多个卡通人物，然后将它们移至合适的位置，如图7-100所示。

图7-100　"卡通人物"的排列

**步骤 04**　制作"获奖提示信息"的弹窗。选择"圆角矩形工具"，绘制弹窗的基本形状，如图7-101所示；然后选择"钢笔工具""圆角矩形工具"，绘制口红，如图7-102所示；最后选择"横排文字工具"，添加文本信息。弹窗的整体效果如图7-103所示。

图7-101 弹窗的基本形状

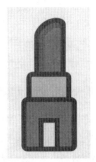
图7-102 绘制口红

图7-103 弹窗的整体效果

**步骤 05** 制作图标。

（1）选择"圆角矩形工具"，绘制圆角矩形；单击图层面板下方的"添加图层样式"按钮，选择"内阴影"选项，为其添加立体质感，参数设置如图7-104所示。圆角矩形的效果如图7-105所示。

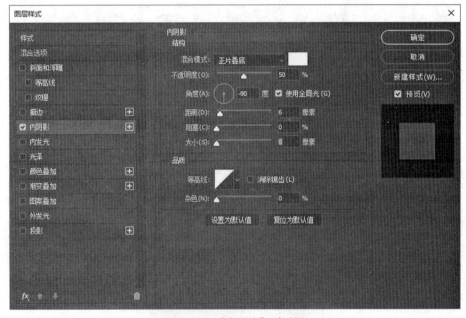
图7-104 "内阴影"对话框

图7-105 圆角矩形的效果

（2）选择"圆角矩形工具""椭圆工具""钢笔工具""直接选择工具""转换点工具"，绘制"礼物"图标的基本形状，如图7-106所示；然后单击图层面板下方的"添加图层样式"按钮，选择"投影"选项，参数设置如图7-107所示。礼物图标的最终效果如图7-108所示。

图7-106　礼物图标的绘制过程

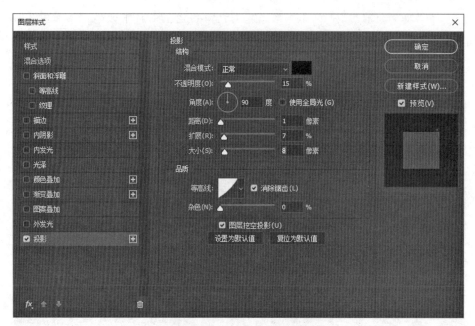

图7-107　"投影"对话框

图7-108　礼物图标的最终效果

（3）参照礼物图标的制作方法，制作"设置""名片"的图标，图标的绘制过程分别如图7-109和图7-110所示。最终效果分别如图7-111和图7-112所示。

图7-109 "设置"图标的绘制过程

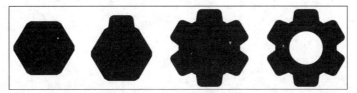

图7-110 "名片"图标的绘制过程

图7-111 "设置"图标的最终效果　　　图7-112 "名片"图标的最终效果

　　（4）选择"椭圆工具"，绘制"分享"图标的基本形状，单击图层面板下方的"添加图层样式"按钮，选择"描边"选项，描边次数为2次，第1次描边的参数设置如图7-113所示，第2次描边的参数设置如图7-114所示。"分享"图标的基本形状如图7-115所示。

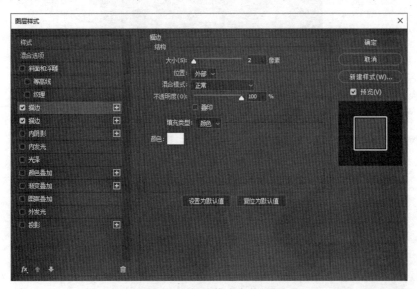

图7-113 第1次描边参数设置

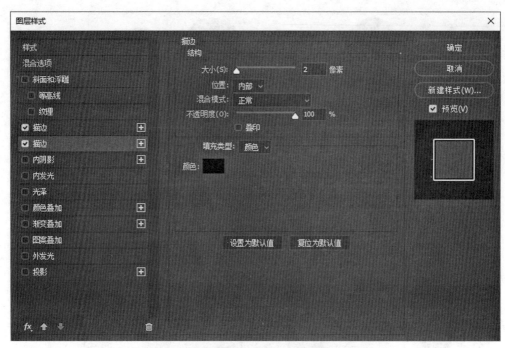

图7-114 第2次描边参数设置

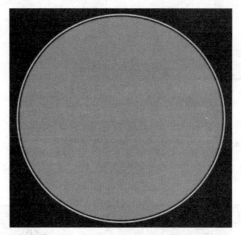

图7-115 "分享"图标的基本形状

（5）选择"圆角矩形工具""钢笔工具""直接选择工具""转换点工具"，绘制"分享"图标和"客服"图标的基本形状，图标的制作过程分别如图7-116和图7-117所示。图标的效果如图7-118和图7-119所示。

（6）选择"横排文字工具"，输入图标相对应的文字。

图7-116 "分享"图标的绘制过程

图7-117 "客服"图标的绘制过程

图7-118 "分享"图标的效果

图7-119 "客服"图标的效果

**步骤 06** 制作按钮区域。

（1）选择"圆角矩形工具"，绘制按钮的基本形状，然后选择"横排文字工具"，输入文字"竞技"，按钮的效果如图 7-120 所示。

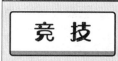

图7-120 按钮的效果

（2）选择"圆角矩形工具""椭圆工具"，绘制"换装"按钮的基本形状，效果如图 7-121 所示。

（3）复制"蓝色卡通人物"及"帽子"图层，使用"移动工具"调整图层的位置，然后选择"横排文字工具"，输入"换装"，"换装"按钮的效果如图 7-122 所示。

（4）"代理"按钮的制作参考"换装"按钮的绘制方法，"代理"按钮的效果如图 7-123 所示。

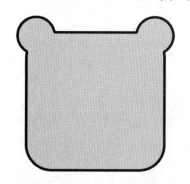

图7-121 "换装"按钮的基本形状　　图7-122 "换装"按钮的效果　　图7-123 "代理"按钮的效果

**步骤 07** 修改图层名称，将同一类别的图层编组，"竞技"页的最终效果如图 7-124 所示。

图7-124　"竞技"页的最终效果

## 项目五　"筑梦前行"APP ——"换装"页

### ❖ 项目描述

"换装"页为用户提供更换外观、主题或布局的功能。

### ❖ 项目剖析

"换装"页的界面设计直观且易于操作，用户可以轻松地找到并使用该功能。该界面提供了清晰的指导，用户能根据自己的喜好和品味来定制界面。"换装"页的最终效果如图7-125所示。

图7-125　"换装"页的最终效果

❖ **操作步骤**

**步骤 01** 开启 Photoshop 软件，按 Ctrl+N 组合键，弹出"新建"对话框，"名称"命名为"变装"，"背景内容"的填充色设置为 #c8faff，具体参数如图 7-126 所示。

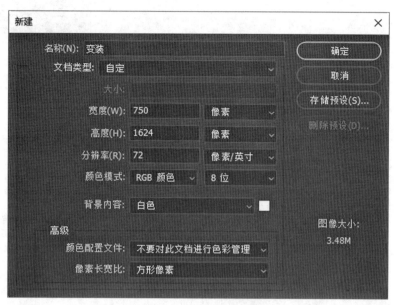

图7-126 "新建"对话框

**步骤 02** 打开"竞技"文件，执行"文件"→"存储为"命令，弹出"另存为"对话框，"保存类型"设置为"JPEG"，如图 7-127 所示。

图7-127 "另存为"对话框

**步骤 03** 按 Ctrl+O 组合键，弹出"打开"对话框，然后选择素材"竞技"，单击"打开"按钮，如图 7-128 所示。将打开的图片移至"变装"窗口，如图 7-129 所示。

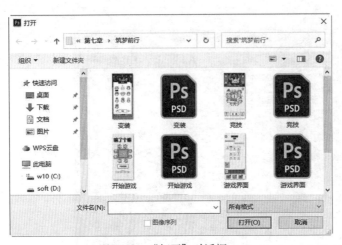

图7-128　"打开"对话框

图7-129　置入"竞技"文件

**步骤 04**　选择"矩形工具"，绘制与页面相等大小的矩形，"填充颜色"设置为#000000，图层面板的"不透明度"设置为40%，效果如图7-130所示。

**步骤 05**　选择"圆角矩形工具"，尺寸设置为670×1 160 px，然后设置"半径"为20 px、"填充颜色"为#ffffff、"描边颜色"为#38a2fa、"描边宽度"为5 px，"变装"窗口如图7-131所示。

图7-130　矩形添加不透明度的效果

图7-131　"变装"窗口

**步骤 06**　制作"换装"的标题。选择"圆角矩形工具"，尺寸设置为310×100 px，设置"半径"为10 px，"填充颜色"为#000000，绘制标题基本形状；然后单击图层面板下方的"添加图层样式"按钮，选择"投影"选项，具体参数如图7-132所示；选择"钢笔工具""直接选择工具"，绘制"换装"文字。"换装"标题的效果如图7-133所示。

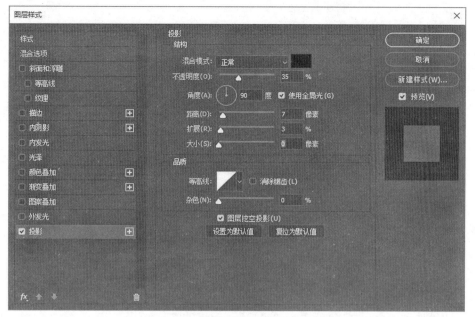

图7-132　"投影"对话框

图7-133　"换装"标题的效果

**步骤 07**　制作"关闭"图标。选择"椭圆工具"，按住Shift键绘制正圆形，尺寸设置为80×80 px，"填充颜色"设置为#000000；然后选择"钢笔工具"，绘制"关闭"的符号，"关闭"图标的效果如图7-134所示。

图7-134　"关闭"图标的效果

**步骤 08**　制作卡通人物变装区域。

（1）打开素材"竞技.PSD"，选择"移动工具"，将"卡通人物"移至"换装"图像内，并调整位置，效果如图7-135所示。

（2）选择"圆角矩形工具"，绘制按钮；然后选择"横排文字工具"，输入文字"已装备"，"已装备"按钮的效果如图7-136所示。

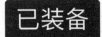

图7-135　卡通人物区域　　　图7-136　"已装备"按钮的效果

**步骤 09** 制作"确定"按钮。选择"矩形工具""多边形工具",绘制按钮的基本形状和方向键;然后选择"横排文字工具",输入文字"确定",如图 7-137 所示。

图7-137　制作"确定"按钮

**步骤 10** 修改图层名称,将同一类别的图层编组。"换装"页的最终效果如图 7-138 所示。

图7-138　"换装"页的最终效果

## 本章总结

- 了解游戏类 APP 的优势。
- 掌握游戏类 APP 的类型。
- 掌握游戏类 APP 项目的分析方法。
- 掌握游戏类 APP 界面的制作过程。

## 课后习题

### 1. 简答题

(1) 游戏类 APP 包含哪些类型？

(2) 结合案例 APP，简述"首页""开始游戏""注册"页面的功能。

### 2. 实操题

绘制图 7-139 所示的登录界面。

图7-139　登录界面

# 第8章

# 投票小程序界面设计

## 📑 学习目的

- 本章将深入学习设计投票小程序项目，包括设计的重要性、实际应用中的价值、核心设计原则以及针对特定需求和目标用户群体的设计方法。掌握这些内容，将能更高效地定制和优化界面，使用户更容易理解和操作小程序，提高用户的参与度和对小程序的认同感。

## 📑 学习内容

- 小程序设计的重要性。
- 小程序设计的核心要素。
- 小程序界面的设计流程。

## 📑 学习重点

- 小程序设计的关键要素。
- 小程序设计的需求分析。
- 小程序界面的设计方法。

## 📑 数字资源

- 【本章素材】："素材文件 \ 第8章"目录下。

## 📑 效果欣赏

**8.1** **项目定位**

数字化进程加快，用户对便捷、高效的数字化服务需求日益增强，小程序正好满足了这种需求。在政策环境的推动、社会环境的促进、产业链的完善以及行业发展现状的驱动下，小程序凭借其便捷性、高效性和多样化的应用，迅速成为广大用户和开发者青睐的新型应用形态。

### 8.1.1 小程序设计的重要性

随着移动互联网的不断发展，小程序提供了一种更方便和高效的互动方式，既服务于企业，也满足了用户的需求。

#### 1. 拓宽用户接入点

作为轻量级的应用形式，小程序能够顺畅地在微信、支付宝等主流社交和支付平台上运行。这种无须下载安装即可使用的特性，方便用户获取服务，为用户提供了更好的体验。图8-1为"携程旅行"小程序界面。

图8-1　"携程旅行"小程序界面

#### 2. 打造沉浸式互动体验

小程序遵循的设计理念是"用后即弃"，它不会占用手机过多的存储空间，同时界面清晰简约并易于操作，带给用户更深入的交互体验。图8-2为"小米有品"小程序界面。

#### 3. 减少开发经费

小程序的设计注重精简，仅保留核心功能，这缩短了开发周期，也降低了开发成本。小程序的维护相对轻松，更新与升级过程也简便，这有效减少了开发者的工作量。图8-3为"生鲜传奇"小程序界面。

图8-2　"小米有品"小程序界面

图8-3　"生鲜传奇"小程序界面

### 4. 提升用户忠诚度和活跃指数

相较于传统APP，小程序在推广传播方面具有优势，通过分享、扫描二维码等途径便可轻松推荐给他人，从而有效提升用户的持续参与度和活跃性。图8-4为学习类小程序界面。

图8-4　学习类小程序界面

## 8.1.2　小程序设计的应用价值

### 1. 商业应用实践

小程序为商家开辟了新的销售途径，商家可以通过小程序展示商品、实现在线交易和支付，从而为用户提供更加方便的购物方式。图8-5为某购物小程序界面。

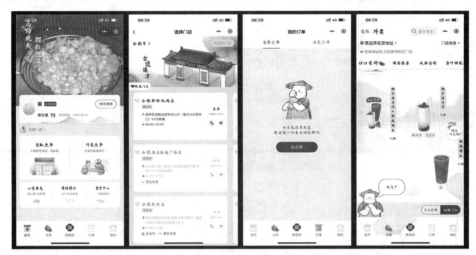

图8-5　某购物小程序界面

### 2. 服务行业的革新

小程序为服务行业提供了新的机遇。例如，餐馆能借助小程序推出在线订座和点餐支付等服务；旅行社通过小程序提供推荐旅游路线和导航等功能。图8-6为外卖点餐小程序界面。

图8-6　外卖点餐小程序界面

### 3. 媒体宣传

媒体机构能够利用小程序向用户发布新闻资讯和内容。通过个性化的推荐和订阅功能，用户能更便捷地接收到感兴趣的信息。图8-7为某新媒体协会的小程序界面。

图8-7　某新媒体协会的小程序界面

### 4. 教育培训

小程序能够为教育培训机构打造一个在线学习和课程资源共享的平台，使学生能够不受时间和地点限制进行学习，提升学习的灵活性和效率。图8-8为教育培训小程序界面。

图8-8　教育培训小程序界面

## 8.1.3　小程序设计的核心要素

### 1. 提供优质的内容与功能

小程序必须搭载高品质的内容与功能才能吸引并留住用户。设计者需深刻理解目标用户的需求和喜好，推出符合期望的功能和信息。同时，持续更新和维护小程序，迅速修复出现的漏洞，确保用户体验的稳定性和可靠性。图8-9为教诗词小程序界面。

图8-9　教诗词小程序界面

## 2. 优化加载速度和性能

考虑到用户对于移动设备上的快速加载和流畅性能有较高的期望，为了在设计小程序时尽量缩短页面的加载时间，可压缩图像和资源文件，优化代码结构和逻辑，以提升小程序的运行性能。图8-10为阅读小程序界面。

图8-10　阅读小程序界面

## 3. 界面的排版设计

小程序的界面设计应追求简洁和直观，方便适应用户的使用习惯。通过合理的布局结构、清晰的导航路径和友好的操作方式，用户可以快速而直接地访问到所需功能。这不仅提升了用户的满意度，还优化了整体的体验。图8-11为ETC通行宝的小程序界面。

图8-11　ETC通行宝的小程序界面

### 4. 图形及图标的创作设计

采用适当的图形与图标传递信息及指导用户操作。保证图形与图标在风格上的协调，并确保它们具有清晰的辨识度。图 8-12 为洗车小程序界面。

图8-12　洗车小程序界面

### 5. 重视无障碍设计和用户友好度

为满足用户的多元化需求，小程序设计需关注无障碍性和用户便捷性。应使用明确的色彩对比、合适的字体和大小，以确保在各种设备上都能有清晰舒适的阅读体验。图 8-13 为共享单车小程序界面。

图8-13 共享单车小程序界面

### 6. 引导用户的操作和交互

在构建小程序时，应精心布局页面的流转与动画过渡，以减少用户迷失方向或误操作的风险。通过引导用户进行互动和操作，保持界面反馈的一致性，使用户更易上手并掌握小程序的使用要领。图8-14为游戏小程序界面。

图8-14 游戏小程序界面

## 8.2 项目优势

"湖鲜节画展"投票小程序主要具有如下优势。

### 1. 投票效率高

小程序在设计上追求极简与便利，优化了传统的投票步骤。用户通过简单的操作即可完成投票，免除了注册或登录等环节。

### 2. 实时呈现结果

小程序能快速汇总投票数据，并以图形或列表的方式实时向用户展示，用户能随时掌握投票动态和最新的统计信息，这不仅能反映总体趋势，还能对用户的选择给予即时回应。

### 3. 提升交互及分享乐趣

小程序增加了互动和社交元素，允许用户将投票小程序分享给朋友，提升了参与的乐趣。此外，还可设立排行榜和助力功能，激励用户更积极地参与和邀请他人加入投票活动。

### 4. 增值功能与数据洞察

"湖鲜节画展"投票小程序搭载了辅助及数据分析工具。例如，选项介绍和投票指南，帮助用户充分了解投票细节；数据分析可协助主办方深入获悉用户的偏好与行为模式，为未来决策提供数据支持。

# 8.3 项目功能介绍

### 1. banner设计

以醒目的紫色和橙色为主色调，以吸引用户注意。通过简洁明了的文字传达投票活动的主题和目标，并确保文字与背景色彩对比鲜明，以便用户能迅速识别信息。

### 2. "画展投票"主界面

运用明亮的颜色搭配、清晰的布局设计和直观的导航元素，使用户能够轻松定位到所需功能，从而提升用户体验。

### 3. "规则"页

设计一个易于阅读且内容简明的"规则"页，以提高用户的阅读兴趣，确保能清晰传达活动规则。

### 4. "排行"页

将排行榜置于界面中心，用醒目的标题和数据吸引用户的注意力。同时，显示每幅参赛作品的票数和排名，便于用户比较和评价。

### 5. "作品详情"页

采用鲜明的颜色搭配、清楚的图标和直观的操作流程设计，确保用户可以轻松地查看作品详情并参与投票。

# 8.4 "湖鲜节画展"投票小程序设计

## ❖ 工作任务描述

"湖鲜节画展"投票小程序是一个为绘画作品进行投票的工具，参与者可以通过小程序投票增加互动和参与度，支持自己喜欢的选手。通过这个小程序，用户能够主动创建投票议题，并邀请好友参与投票，这不仅增加了社交，还促进了话题热度。为了打造一个方便、高效且易于使用的投票平台，推动民主决策、市场调查、活动投票、社交互动和意见收集等活动的顺利进行，需要为"湖鲜节画展"投票小程序项目设计一个吸引人的banner和主页面。

## ❖ 具体要求

（1）根据任务要求设计作品，在设计过程中保证作品以企业需求为导向、界面清晰、设计元素的风格保持一致。

（2）设计作品时，应考虑其所需展现的功能，并结合现实生活情境，选择最恰当的表现手法，确保设计有实际的支撑。

（3）设计作品的交付要求：banner设计稿一份，"画展投票"页设计稿1份，"活动规则"页设计稿1份，"排名"页设计稿1份，"作品详情"页设计稿1份。

### 📋 项目一 "湖鲜节画展"投票小程序——banner

## ❖ 项目导入

banner是该小程序的重要元素之一。通过鲜艳的颜色、吸引眼球的图像、标题和倒计时等元素，达到引起用户注意，提升用户与投票小程序互动的意愿。

## ❖ 项目剖析

（1）尺寸：为1 390 × 400 px。

（2）分辨率：72 ppi。

（3）色彩：为了与APP主题切合，选择紫色为主色调。

（4）banner设计与投票小程序的整体风格和用户体验保持一致，确保用户在看到banner时能够立即理解活动的主题和目的，并被吸引参与投票。在设计banner和投票小程序时，应确保整体风格和用户体验的一致性。当用户看到banner时，他们能立刻理解活动的主题和目的，从而参与投票。"湖鲜节画展"投票小程序banner的最终效果如图8-15所示。

图8-15 "湖鲜节画展"投票小程序banner的最终效果

❖ 操作步骤

**步骤 01** 打开 Photoshop，按 Ctrl+N 组合键，弹出"新建"对话框，"名称"命名为"banner"，具体参数如图 8-16 所示。

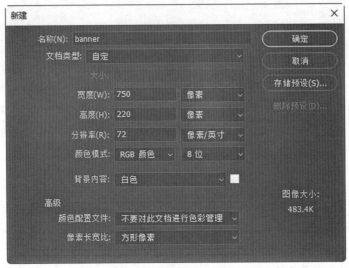

图8-16 "新建"对话框

**步骤 02** 制作背景。

（1）将工具箱中的"前景色"设置为 #6400b9，然后执行"编辑"→"填充"命令，弹出"填充"对话框，具体参数如图 8-17 所示。画布填充效果如图 8-18 所示。

图8-17 "填充"对话框

图8-18 画布填充效果

（2）将"前景色"设置为 #530fcc，选择"画笔工具"，绘制蓝紫色形状，为背景添加层次感，效果如图 8-19 所示。

图8-19 蓝紫色形状

**步骤 03** 制作背景图案。

（1）选择"椭圆工具""钢笔工具"，"填充颜色"设置为 #af23dc，绘制不规则形状，如图 8-20 所示；单击图层面板下方的"添加图层蒙版"按钮，为图层添加图层蒙版；再选择"画笔工具"，设置"前景色"为黑色、"不透明度"为 40%，使用画笔工具在图层蒙版上涂抹，使画面产生层次感。图 8-21 为图层蒙版的效果。

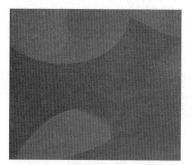

图8-20　绘制不规则形状　　　　　　　　图8-21　图层蒙版的效果

（2）参考**步骤 03**中（1）的方法绘制第二个底图，图8-22为不规则形状，图8-23为添加图层蒙版的效果，图8-24为两个底图叠加的效果。

图8-22　第二个不规则形状　　　　图8-23　第二个形状添加图层蒙版的效果

图8-24　底图叠加的效果

**步骤 04**　绘制橙色装饰图案。

（1）选择"钢笔工具"，绘制不规则形状，如图8-25所示；然后在工具选项栏中单击"设置形状填充类型"选项；接着在弹出的下拉列表框中单击"渐变"选项，具体参数如图8-26所示。渐变填充效果如图8-27所示。

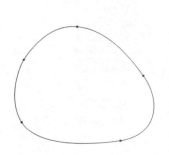
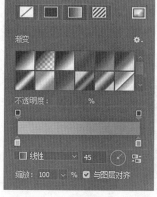
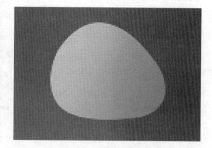

图8-25　绘制不规则形状　　　　图8-26　"渐变"面板　　　　图8-27　渐变填充效果

（2）单击图层面板下方的"添加图层样式"按钮，选择"投影"选项，参数设置如图8-28所示。投影效果如图8-29所示。

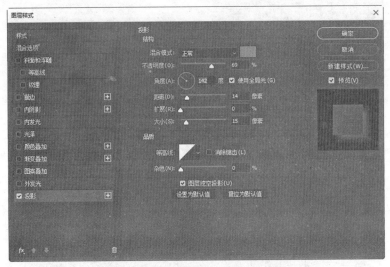

图8-28　"投影"对话框

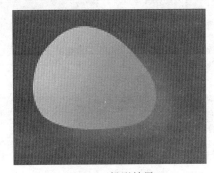

图8-29　投影效果

（3）选中"左橙色装饰图案"图层，按Ctrl+J组合键复制该图层；然后选中"左橙色装饰图案拷贝"图层，执行"编辑"→"自由变换"命令，改变其大小和位置，效果如图8-30所示。

图8-30　拷贝左橙色装饰图案

（4）参考 **步骤 04** 中（1）和（2）的方法，制作紫色渐变图案，效果如图8-31所示。

图8-31　紫色渐变图案

**步骤 05**　选择"钢笔工具""直接选择工具""转换点工具""椭圆工具"，绘制氛围感装饰。氛围感装饰的整体效果如图8-32所示。

图8-32　氛围感装饰的整体效果

**步骤 06**　制作金币。

（1）选择"椭圆工具"，绘制金币的基本形状，在工具选项栏中单击"设置形状填充类型"选项，选择"渐变"选项，"填充颜色"分别设置为#ff8811和#fedc5a，参数设置如图8-33所示。渐变填充效果如图8-34所示。

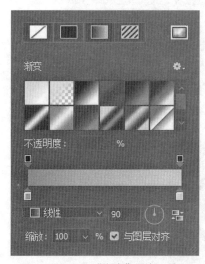

图8-33　"渐变"面板

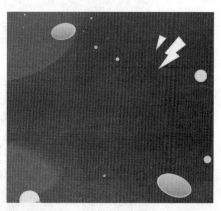

图8-34　渐变填充效果

（2）选中"椭圆"形状，按Ctrl+J组合键复制图层并放入原图层下方，执行"滤镜"→"模糊"→"动感模糊"命令，弹出"动感模糊"对话框，参数设置如图8-35所示。金币效果如图8-36所示。

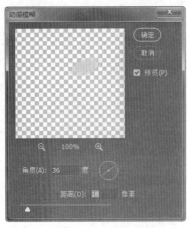

图8-35　"动感模糊"对话框

图8-36　金币效果

（3）选择"横排文字工具"，输入货币符号，设置"字体"为"苹方"、"字号"分别为35点和42点；然后单击图层列表下方的"添加图层样式"按钮，选择"渐变叠加"选项，参数设置如图8-37所示；再为文字添加渐变效果，渐变颜色设置如图8-38所示。将图层名改为"金币文字"。金币的整体设计效果如图8-39所示。

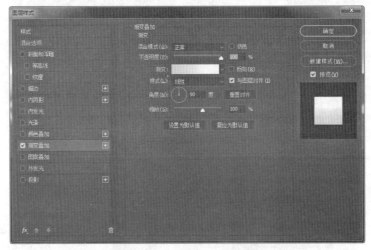

图8-37　"渐变叠加"对话框

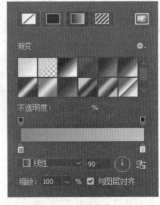

图8-38　"渐变"面板

图8-39　金币的整体设计效果

**步骤 07**　编辑文字。

（1）选择"横排文字工具"，输入文字"第二届湖鲜节"，设置"字体"为"造字工房尚黑"、"字号"为60点、"文本颜色"为#ffffff；单击图层面板下方的"添加图层样式"按钮，在列表框中选择"投影"选项，参数设置如图8-40所示。文字的投影效果如图8-41所示。

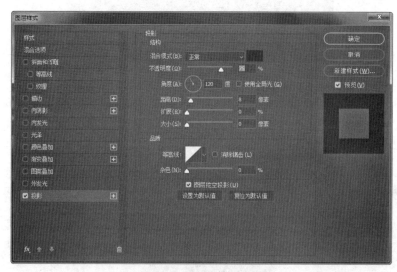

图8-40　"投影"对话框

（2）选择"横排文字工具"，输入文字"最受欢迎湖鲜饭店"，设置"字体"为"腾祥金砖黑"、"字号"为100点、"文本颜色"为#ffffff，然后参考**步骤 07**中的（1）为文字添加投影。"最受欢迎湖鲜饭店"的文字效果如图8-42所示。

图8-41　文字的投影效果

图8-42　"最受欢迎湖鲜饭店"的文字效果

（3）选择"横排文字工具"，输入文字"开始投票啦"，设置"字体"为"迷你简少儿"、"字号"为60点、文字颜色为#ffffff，参考**步骤 07**中的（1）为文字添加投影效果。图8-43为"开始投票啦"的文字效果。

图8-43　"开始投票啦"的文字效果

（4）选择"圆角矩形工具"，设置尺寸为60×280 px、"半径"为30 px，绘制圆角矩形，然后设置"填充颜色"为#ffffff，圆角矩形如图8-44所示。

图8-44　圆角矩形

（5）选择"钢笔工具"，绘制弧线形状；在工具选项栏中点击"设置形状填充类型"，在下拉列表中选择"无颜色"，然后设置"描边颜色"为#530fcc、"设置形状描边宽度"为4 px，再分别设置"对齐""端点""角点"分别为"内部""圆形""圆形"，参数设置分别如图8-45～图8-47所示。图8-48为绘制的弧形。

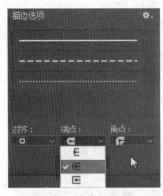
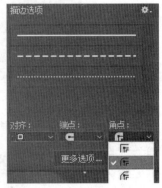

图8-45　斜切的设置　　　　　　图8-46　端点的设置　　　　　　图8-47　角点的设置

图8-48　绘制的弧形

（6）选择"横排文字工具"，输入文字"开始投票"，设置"字体"为"Adobe黑体"、"字号"为60点、"文本颜色"为530fcc。图8-49为banner的最终效果。

图8-49　banner的最终效果

□ 项目二　"湖鲜节画展" APP —— 首页

❖ 项目描述

"湖鲜节画展"投票小程序的"首页"是该产品的核心功能展示区,它集中展示了 APP 最常用的功能,让用户在第一时间就能了解到 APP 的主要功能。

❖ 项目剖析

(1) 尺寸:750×1 624 px。

(2) 分辨率:72 ppi。

(3) 色彩:为了与 APP 主题保持一致,选择紫色作为主色调。

(4) 为了保持投票小程序的整体风格和用户体验一致,采用了活泼鲜明的主题,设计了简洁明了的页面,这能提升用户参与度。"首页"的最终效果如图 8-50 所示。

图8-50　"首页"的最终效果

"湖鲜节画展" APP "首页"的结构及其相关参数如表 8-1 所示。

表8-1　"首页"结构及其相关参数

| 项目结构 | 参数设置 |
|---|---|
| 辅助线 | 水平线:40 px、128 px<br>垂直线:24 px、726 px |

| 项目结构 | 参数设置 |
|---|---|
| 导航栏 | 画展投票文字："字体"为"苹方"，"字号"为36点，"文本颜色"为#ffffff；选项图标尺寸：36×36 px，"填充颜色"为#ffffff<br>图标背景圆角矩形：尺寸为200×66 px，"半径"为30 px，"填充颜色"为#000000，图层的"不透明度"为30%<br>分割线：40×4 px，"填充颜色"为#ffffff，图层的"不透明度"为50% |
| 搜索 | 搜索框：尺寸为690×68 px，"半径"为30 px，"填充颜色"为#ffffff<br>搜索放大镜图标：尺寸为30×30 px，"填充颜色"为#ffa401<br>搜索框中的文字："字体"为"苹方"，"字号"为24点，"文本颜色"为#9d9d9d |
| Banner | 尺寸：702×200 px |
| 通知信息 | 图标：尺寸为35×35 px<br>距离活动结束文字："字体"为"苹方"，"字号"分别为20点与30点，文字颜色为#333333<br>投票成功文字："字体"为"苹方"，"字号"为24点，"文本颜色"分别为#333333与#ff9d22 |
| 内容区域 | 卡片：尺寸为340×534 px，素材尺寸为340×235 px，"半径"为8 px<br>姓名："字体"为"苹方"，"字号"为30点，"文本颜色"为#333333<br>票数："字体"为"苹方"，"字号"为24点，"文本颜色"为#f64d4a<br>为TA投票："字体"为"苹方"，"字号"为24点，"文本颜色"为#ffffff<br>圆角矩形：尺寸为290×60 px，"半径"为30 px，"填充颜色"分别为#ae66e4与#8158e5 |
| 标签栏 | 图标：尺寸为48×48 px，"填充颜色"分别为#666666与#8459e5<br>文字："字体"为"苹方"，"字号"为24点，"文本颜色"分别为#666666与#8459e5 |

❖ 操作步骤

步骤01　开启 Photoshop 软件，按Ctrl+N组合键，弹出"新建"对话框，"名称"命名为"画展投票首页"，具体参数如图8-51所示。

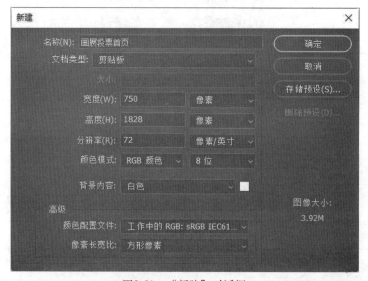

图8-51　"新建"对话框

**步骤 02** 制作导航栏。

（1）制作背景。选择"矩形工具"，绘制背景的基本形状，如图 8-52 所示；单击图层面板下方的"添加图层样式"按钮，选择"渐变叠加"选项，具体参数如图 8-53 所示。渐变叠加的效果如图 8-54 所示。

图8-52　绘制背景形状

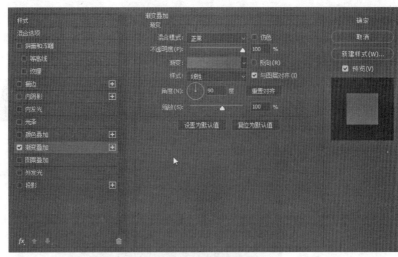

图8-53　"渐变叠加"对话框

图8-54　渐变叠加的效果

（2）选择"横排文字工具"，输入文字"画展投票"，将文字居中设置，如图 8-55 所示。

图8-55　输入文字"画展投票"

（3）选择"圆角矩形工具"，绘制导航栏按钮底图；然后在"图层"面板上设置"不透明度"为30%，如图 8-56 所示。按钮底图的效果如图 8-57 所示。

图8-56　"图层"面板

图8-57　按钮底图的效果

（4）选择"椭圆工具""矩形工具"，绘制"关闭""更多"的触发按钮，然后选择"移动工具"，选中触发按钮所有图层，在工具选项栏中点击"垂直居中对齐"按钮，如图8-58所示。触发按钮的制作效果如图8-59所示。

图8-58　"垂直居中对齐"按钮

图8-59　触发按钮的制作效果

步骤 03　制作搜索框。

（1）选择"圆角矩形工具"，绘制圆角矩形，搜索框如图8-60所示。

图8-60　搜索框

（2）选择"椭圆工具""圆角矩形工具"，绘制搜索图标，搜索图标如图8-61所示。

图8-61　搜索图标

（3）选择"横排文字工具"，输入"搜索框"内关键词语，搜索框的整体效果如图8-62所示。

图8-62　搜索框的整体效果

步骤 04　制作banner。选择"圆角矩形工具"，绘制banner的基本形状，选择"移动工具"，将项目一的作品移至画布中，置于"圆角矩形"图层的上方；然后执行"图层"→"创建剪贴蒙版"命令，用下方的圆角矩形图层限制项目一的作品的显示区域。banner的视觉效果如图8-63所示。

图8-63　banner的视觉效果

**步骤 05** 制作消息通知区域。

（1）选择"钢笔工具""直接选择工具""转换点工具"，绘制漏斗图标与消息图标，制作过程如图8-64和图8-65所示。通知图标的最终效果如图8-66所示。

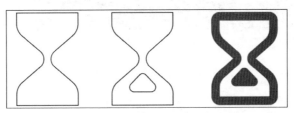

图8-64　漏斗图标的制作

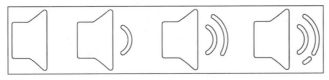

图8-65　通知图标的制作过程　　　　图8-66　通知图标的效果

（2）选择"横排文字工具"，输入文字"距离活动结束还有：29天　16时　40时　20时"和"1分钟前张**为1号选手投票成功"，修改时间和选手编号的文字属性。文字的最终效果如图8-67所示。

> ⧗ 距离活动结束还有：**29**天　**16**时　**40**时　**20**时
>
> ◀)) 1分钟前张**为1号选手投票成功

图8-67　文字的最终效果

**步骤 06** 选择"矩形工具"，绘制卡片分割区，如图8-68所示。

图8-68　卡片分割区

**步骤 07** 制作选手投票信息区域。

（1）选择"圆角矩形工具"，绘制卡片的基本形状；然后单击图层面板下方的"添加图层样式"按钮，选择"投影"选项，参数设置如图8-69所示。图8-70为卡片添加投影的效果。

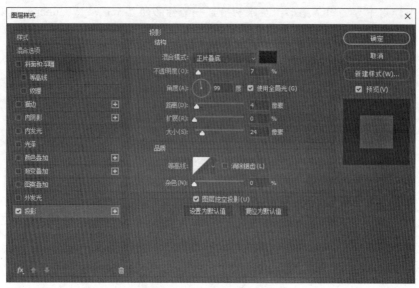

图8-69　"投影"对话框

图8-70　卡片添加投影的效果

（2）选择"圆角矩形工具"，绘制素材显示区域，尺寸为235×340 px，"半径"分别为 8 px、8 px、0 px、0 px，如图8-71所示。

图8-71　绘制圆角矩形

（3）选择"移动工具"，将"素材2"移至画布中的"圆角矩形"图层上方，执行"图层"→"创建剪贴蒙版"命令，用下方的圆角矩形图层限制"素材2"的显示区域。添加素材的效果如图8-72所示。

（4）选择"圆角矩形工具"，绘制选手编号下方的背景，"填充颜色"设置为#f64d4a，参数设置如图8-73所示；然后选择"横排文字工具"，输入文字"1号"，选手编号的效果如图8-74所示。

图8-72　添加素材的效果　　　　　　　　　　图8-73　圆角矩形参数

图8-74　选手编号的效果

（5）选择"圆角矩形工具"，绘制"为TA投票"的按钮；然后单击图层面板下方的"添加图层样式"按钮，选择"渐变叠加""投影"选项，"渐变叠加"的参数设置如图8-75所示，"投影"的参数设置如图8-76所示。按钮的整体效果如图8-77所示。

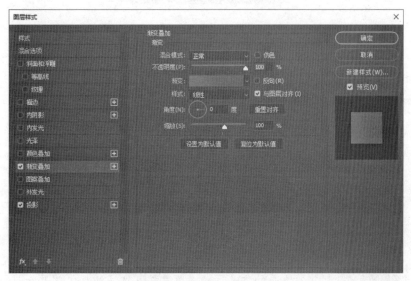

图8-75　"渐变叠加"对话框

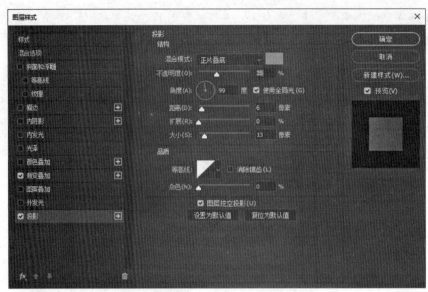

图8-76　"投影"对话框

图8-77　按钮的整体效果

（6）选择"横排文字工具"，输入文字"为TA投票""林诗音""107票"，文字属性参考"首页"相关参数设置，添加文字的效果如图8-78所示。

图8-78　添加文字的效果

（7）参考**步骤07**，绘制其他选手的信息区域，投票信息区域的整体效果如图8-79所示。

图8-79 投票信息区域的整体效果

**步骤 08** 制作标签栏。

（1）选择"矩形工具"，绘制标签栏的基本形状；然后单击图层面板下方的"添加图层样式"按钮，选择"投影"选项，参数设置如图8-80所示。标签栏的基本形状如图8-81所示。

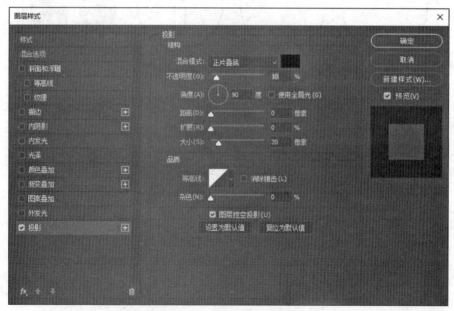

图8-80 "投影"对话框

图8-81 标签栏的基本形状

（2）选择"钢笔工具""转换点工具""直接选择工具"，绘制标签栏"首页""排名""规则""分享"的图标，分别如图8-82～图8-85所示；然后选择"横排文字工具"，输入文字"首页""排名""规则""分享"，以整个画布宽度为对齐标准，将4个图标和文字平均分布，输入标签文字的效果如图8-86所示。

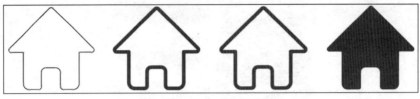

图8-82 "首页"的图标

图8-83 "排名"的图标

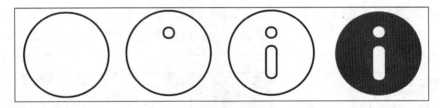

图8-84 "规则"的图标

图8-85 "分享"的图标

图8-86 输入标签文字的效果

步骤 09 修改图层名称，将同一类别的图层编组。"首页"的最终效果如图8-87所示。

图8-87 "首页"的最终效果

## 📖 项目三 "湖鲜节画展" APP —— "规则"页

### ❖ 项目描述

"湖鲜节画展"投票小程序的"规则"页包含了画展的活动时间、活动规则、获奖信息，内容一目了然，让用户产生良好的交互体验感。

### ❖ 项目剖析

（1）尺寸：750×1 797 px。

（2）分辨率：72 ppi。

（3）色彩：为了与APP主题保持一致，选择紫色为主色调。

（4）为了保持投票小程序的整体风格和用户体验一致，采用了活泼鲜明的主题，设计了简洁明了的页面，这样能提升用户的参与度。"规则"页的最终效果如图8-88所示。

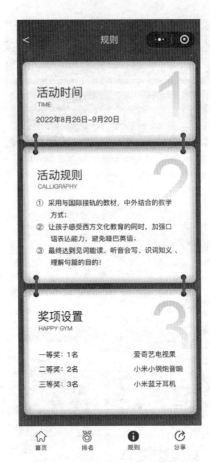

图8-88 "规则"页的最终效果

"规则"页的结构及其相关参数如表8-2所示。

表8-2 "规则"页的结构及其相关参数

| 项目结构 | 参数设置 |
|---|---|
| 辅助线 | 水平线：40 px、128 px<br>垂直线：24 px、726 px |
| 导航栏 | "规则"文字："字体"为"苹方"，"字号"为36点，"文本颜色"为#ffffff<br>"返回"文字："字体"为"苹方"，"字号"为48点，"文本颜色"为#ffffff<br>"关闭"与"更多"按钮：圆角矩形尺寸为200×66 px，"半径"为30 px，"填充颜色"为#000000，图层的"不透明度"为30%<br>图标：尺寸为36×36 px，"填充颜色"为#ffffff<br>分割线：40×4 px，"填充颜色"为#ffffff，图层的"不透明度"为50% |
| 活动规则按钮 | 按钮：尺寸为210×60 px<br>文字："字体"为"苹方"，"字号"为32点，"文本颜色"为#fa521b |
| 翻页轴 | 圆形：尺寸为22×22 px，"填充颜色"分别为#345ab5与#4a78e7<br>圆角矩形：尺寸为12×72 px，"半径"为6 px，"填充颜色"值为#5988f7 |

| 项目结构 | 参数设置 |
|---|---|
| 活动时间区域 | 尺寸：702×330 px<br>编号："字体"为"Arial"，"字号"为32点，"文本颜色"值为#e6e6ff<br>活动时间文字："字体"为"苹方"，"字号"为50点，"文本颜色"为#fa521b<br>英文："字体"为"苹方"，"字号"为24点，"文本颜色"为#706ffc<br>日期："字体"为"苹方"，"字号"为30点，"文本颜色"为#4c4c4c |
| 活动规则区域 | 尺寸：702×565 px<br>其他元素属性设置同"活动时间区域" |
| 奖项设置 | 尺寸：702×520 px<br>其他元素属性设置同"活动时间区域" |
| 标签栏 | 图标：尺寸为48×48 px，"填充颜色"分别为#666666与#8459e5<br>文字："字体"为"苹方"，"字号"为24点，"文本颜色"分别为#666666与#8459e5 |

❖ **操作步骤**

步骤 01　开启Photoshop软件，按Ctrl+N组合键，弹出"新建"对话框，"名称"命名为"规则"，参数设置如图8-89所示。

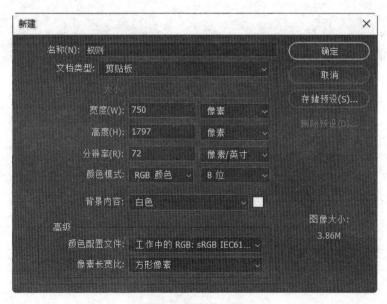

图8-89　"新建"对话框

步骤 02　单击图层面板下方的"创建新图层"按钮，执行"编辑"→"填充"命令，弹出"填充"对话框，"内容"选择"白色"，如图8-90所示；然后单击图层面板下方的"添加图层样式"按钮，选择"渐变叠加"选项，"填充颜色"分别设置为#a48cfe和#8d56f2，参数设置如图8-91所示。填充效果如图8-92所示。

图8-90 "填充"对话框

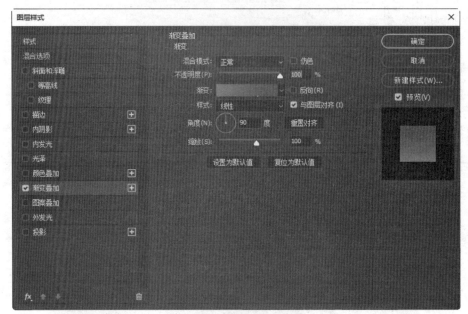

图8-91 "渐变叠加"对话框

图8-92 填充效果

步骤 03 导航栏的制作参考项目二中的步骤 02。"规则"导航栏的效果如图8-93所示。

图8-93 "规则"导航栏的效果

**步骤 04** 制作活动规则标题。

（1）选择"圆角矩形工具"，绘制"活动规则"标题的基本形状；然后单击图层面板下方的"添加图层样式"按钮，选择"渐变叠加"与"内阴影"选项，渐变的"填充颜色"分别设置为#ffdc5a和#ffa226，"渐变叠加"的参数设置如图8-94所示，"内阴影"的参数设置如图8-95所示。圆角矩形的效果如图8-96所示。

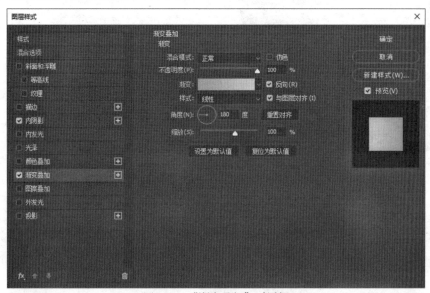

图8-94　"渐变叠加"对话框

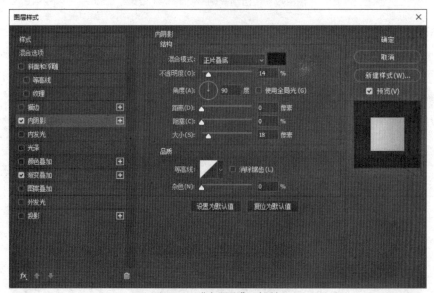

图8-95　"内阴影"对话框

图8-96　圆角矩形的效果

（2）选择"圆角矩形"图层，执行"图层"→"复制图层"命令，然后单击复制的"圆角矩形拷贝"图层，执行"滤镜"→"模糊"→"高斯模糊"命令，参数设置如图8-97所示；

绘制圆角矩形投影，再选择"移动工具"，将"圆角矩形拷贝"图层向下移动，圆角矩形的投影效果如图8-98所示。

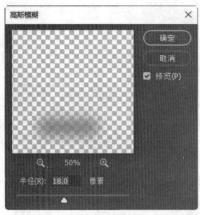 

图8-97 "高斯模糊"对话框      图8-98 圆角矩形的投影效果

（3）选择"横排文字工具"，输入文字"活动规则"，效果如图8-99所示。

图8-99 "活动规则"标题整体效果

**步骤 05** 制作活动时间区域。

（1）选择"圆角矩形工具"，绘制活动时间区域的基本形状，单击图层面板下方的"添加图层样式"按钮，选择"内发光""投影"选项，内发光的"填充颜色"设置为#4741f7，投影的"填充颜色"设置为#21244b，"内发光""投影"的参数设置分别如图8-100和图8-101所示。图8-102为活动时间区域的基本形状。

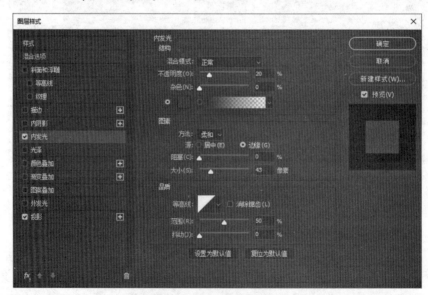

图8-100 "内发光"对话框

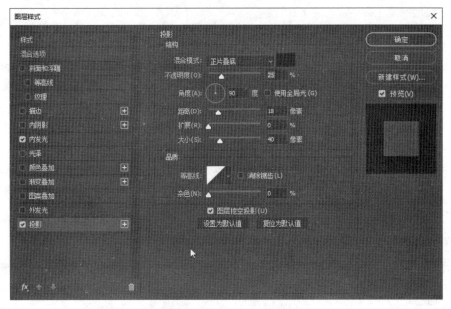

图8-101    "投影"对话框

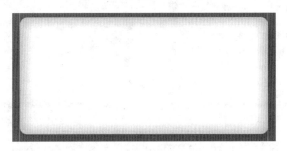

图8-102    活动时间区域的基本形状

（2）选择"横排文字工具"，输入"活动时间"等相关文字，文字属性参考"规则"页的参数设置。文字效果如图8-103所示。

图8-103    "活动时间"相关文字的效果

（3）选择"横排文字工具"，输入文字"1"，单击图层面板下方的"添加图层蒙版"按钮，为文字"1"添加图层蒙版；然后选择"画笔工具"，设置"前景色"为黑色，"不透明度"为30%，在图层蒙版上隐藏文字"1"的一部分区域，如图8-104所示。"活动时间"区域的整体效果如图8-105所示。

图8-104　文字"1"

图8-105　"活动时间"区域的整体效果

**步骤 06** 参考**步骤 05**制作"活动规则"区域、"奖项设置"区域。"活动规则"区域如图8-106所示,"奖项设置"区域如图8-107所示。

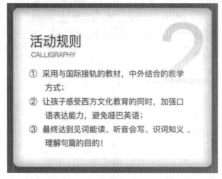

图8-106　"活动规则"区域

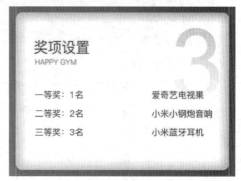

图8-107　"奖项设置"区域

**步骤 07** 制作翻页轴。选择"椭圆工具""圆角矩形工具",绘制翻页轴的基本形状,选中圆形,单击图层面板下方的"添加图层样式"按钮,选择"渐变叠加"选项,参数设置如图8-108所示,"填充颜色"设置为#5988f7。翻页轴的效果如图8-109所示。

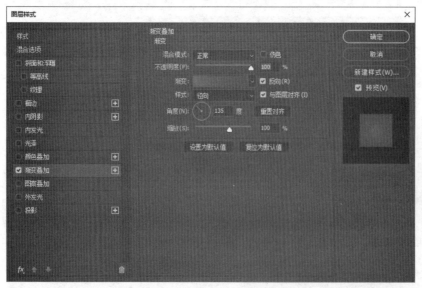

图8-108　"渐变叠加"对话框

图8-109　翻页轴的效果

**步骤 08** 绘制标签栏。参考项目二中 **步骤 08** 的方法制作标签栏，标签栏的效果如图8-110所示。

| 首页 | 排名 | 规则 | 分享 |

图8-110 标签栏的效果

**步骤 09** 修改图层名称，将同一类别的图层编组。"规则"页的最终效果如图8-111所示。

图8-111 "规则"页的最终效果

## 🖵 项目四 "湖鲜节画展"APP——"排行"页

### ❖ 项目描述

在"湖鲜节画展"投票小程序的"排名"页中，用户可实时观看到每个选项的投票总数和所占比例。这一功能在进行投票时提供给用户，可以让参与者随时了解最新的投票情况。

### ❖ 项目剖析

（1）尺寸：750×1 828 px。

（2）分辨率：72 ppi。

（3）色彩：为了与APP主题保持一致，选择紫色作为主色调。

（4）小程序的投票功能具有高度的灵活性，用户无须经历烦琐的下载和安装过程，即可直接访问使用。这为用户提供了一种灵活和便捷的体验方式。"排行"页的最终效果如图8-112所示。

图8-112　"排行"页的最终效果

"排行"页结构及其相关参数如表8-3所示。

表8-3　"排行"页结构及其相关参数

| 项目结构 | 参数设置 |
| --- | --- |
| 辅助线 | 水平线：40 px、128 px<br>垂直线：24 px、726 px |
| 导航栏 | "排行"文字："字体"为"苹方"，"字号"为36点，"文本颜色"为#ffffff<br>返回："字体"为"苹方"，"字号"为48点，"文本颜色"为#ffffff<br>"关闭"与"更多"按钮：圆角矩形尺寸为200×66 px，"半径"为30 px，"填充颜色"为#000000，图层"不透明度"为30%<br>图标：尺寸为36×36 px，"填充颜色"为#ffffff<br>分割线：40×4 px，"填充颜色"为#ffffff，图层"不透明度"为50% |
| 选手信息 | "排名"等数字："字体"为"苹方"，"字号"为60点，"文本颜色"为#ffffff<br>"当前排名"等文字："字体"为"苹方"，"字号"为24点，"文本颜色"为#ffffff<br>分割线：58×4 px，"填充颜色"为#4f4f4f，图层"不透明度"为60% |

| 项目结构 | 参数设置 |
|---|---|
| 通知信息 | 图标：尺寸为 35×35 px<br>距离活动结束文字："字体"为"苹方"，"字号"分别为20点与30点，"文本颜色"为#333333<br>投票成功文字："字体"为"苹方"，"字号"为24点，"文本颜色"分别为#333333与#ff9d22 |
| 第一名区域 | 圆角矩形：尺寸为256×366 px，"半径"为20 px<br>头像：尺寸为150×150 px<br>皇冠：尺寸为55×42 px<br>绶带：尺寸为173×40 px，"填充颜色"为#399cff，"字体"为"Arial"，"字号"为28点，"文本颜色"为#1e1e1e<br>姓名："字体"为"苹方"，"字号"为28点，"文本颜色"为#1e1e1e<br>票数打卡文字："字体"为"苹方"，"字号"为22点，"文本颜色"分别为#f54b49与#666666<br>"为TA投票"按钮：按钮尺寸为177×42 px，"半径"为30 px，"填充颜色"分别为#ae66e4与#8158e5，"字体"为"苹方"，"字号"为20点，"文本颜色"为#ffffff |
| 第二、三名区域 | 卡片：尺寸为206×314 px，"半径"为18 px<br>头像：尺寸为120×120 px<br>皇冠：尺寸为43×32 px<br>绶带：尺寸为36×30 px，"填充颜色"为#399cff，"字体"为"Arial"，"字号"为28点，"文本颜色"为#1e1e1e<br>姓名："字体"为"苹方"，"字号"为24点，"文本颜色"为#1e1e1e<br>票数打卡文字："字体"为"苹方"，"字号"为20点，"文本颜色"分别为#f54b49与#666666<br>"为TA投票"按钮：按钮尺寸为177×42 px，"半径"为16 px，"填充颜色"分别为#ae66e4与#8158e5，"字体"为"苹方"，"字号"为16点，"文本颜色"为#ffffff |
| 排行榜 | 排名序号："字体"为Arial，"字号"为36点，"文本颜色"为#1e1e1e<br>头像：尺寸为100×100 px<br>姓名："字体"为苹方，"字号"为30点，"文本颜色"为#2d2c2c<br>票数："字体"为苹方，"字号"为24点，"文本颜色"为#ff1848<br>"为TA投票"按钮：按钮尺寸为177×42 px，"半径"为30 px，"填充颜色"分别为#ae66e4与#8158e5，"字体"为"苹方"，"字号"为20点，"文本颜色"为#ffffff |
| 标签栏 | 图标：尺寸为48×48 px，"填充颜色"分别为#666666与#8459e5<br>文字："字体"为"苹方"，"字号"为24点，"文本颜色"分别为#666666与#8459e5 |

❖ **操作步骤**

步骤 01　开启 Photoshop 软件，按 Ctrl+N 组合键，弹出"新建"对话框，"名称"命名为"排名"，参数设置如图 8-113 所示。

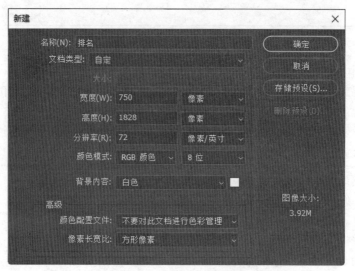

图8-113　"新建"对话框

**步骤02** 选择"矩形工具",绘制导航栏与信息区域的背景;然后单击图层面板下方的"添加图层样式"按钮,选择"渐变叠加"选项,"填充颜色"分别设置为#ae66e4和#8158e5,参数设置如图8-114所示。渐变效果如图8-115所示。

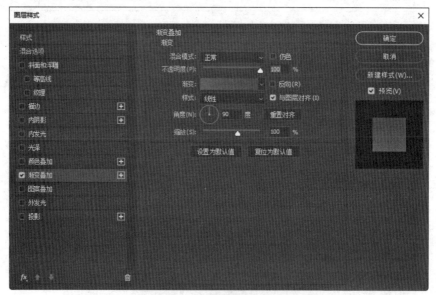

图8-114　"渐变叠加"对话框

图8-115　渐变效果

**步骤03** 参考项目二中的**步骤02**,选择"横排文字工具",输入"排行""浏览量"等文字;然后选择"直线工具",绘制分割线。导航栏的整体效果如图8-116所示。

图8-116　导航栏的整体效果

**步骤 04**　参考项目二中的 **步骤 05** 制作消息通知区域，消息通知区域的整体效果如图8-117所示。

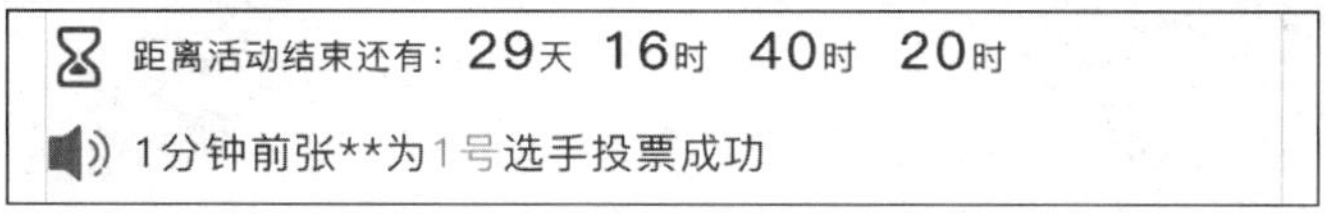

距离活动结束还有：**29**天 **16**时 **40**时 **20**时

1分钟前张**为1号选手投票成功

图8-117　消息通知区域的整体效果

**步骤 05**　制作排行榜NO.1。

（1）选择"矩形工具"，绘制排行榜底部的灰色矩形，然后选择"圆角矩形工具"，绘制"排行榜NO.1"底部圆角矩形；再单击图层面板下方的"添加图层样式"按钮，选择"投影"选项，参数设置如图8-118所示。图8-119为卡片的基本形状。

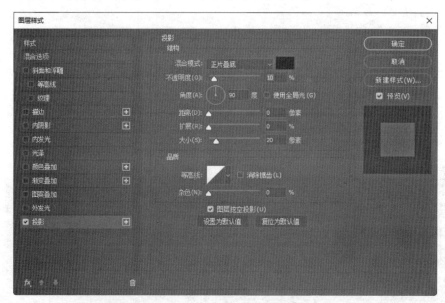

图8-118　"投影"对话框

图8-119　卡片的基本形状

（2）选择"椭圆工具"，绘制头像的基本形状，如图8-120所示；然后选择"移动工具"，将"素材2"放置在圆形图层上方，执行"图层"→"创建剪贴蒙版"命令，用下方的圆形图层限制"素材2"的显示区域，如图8-121所示。

图8-120　头像基本形状

图8-121　剪贴蒙版的效果

（3）选择"钢笔工具""直接选择工具""转换点工具"，绘制皇冠；然后单击图层面板下方的"添加图层样式"按钮，选择"渐变叠加""描边"选项，"填充颜色"分别设置为#f1df3c和#eab929，"描边颜色"设置为#edaa08，"渐变叠加"的参数设置如图8-122所示，"描边"的参数设置如图8-123所示。皇冠的绘制过程如图8-124所示。

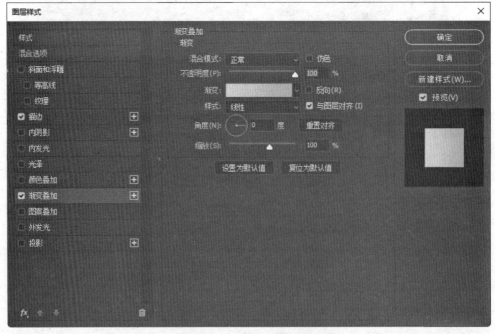

图8-122　"渐变叠加"对话框

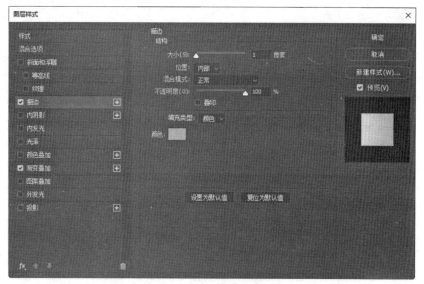

图8-123　"描边"对话框

图8-124　皇冠的绘制过程

（4）制作绶带。选择"钢笔工具"，绘制绶带的基本形状；然后选择"横排文字工具"，输入文字"NO.1"。绶带的效果如图8-125所示。

图8-125　绶带的效果

（5）制作信息区域。选择"横排文字工具"，输入"姓名""票数"的相关文字，参考"排名"页相关参数设置文字的颜色和大小，效果如图8-126所示。

吉茹定

683票　打卡5天

图8-126　信息区域的效果

（6）制作"为TA投票"按钮。选择"圆角矩形工具"，绘制按钮的基本形状；然后单击图层面板下方的"添加图层样式"按钮，选择"渐变叠加""投影"选项，为圆角矩形添加渐变填充和投影，"渐变叠加"的参数设置如图8-127所示，"投影"的参数设置如图8-128所示；再选择"横排文字工具"，输入文字"为TA投票"，按钮效果如图8-129所示。NO.1区域的整体视觉效果如图8-130所示。

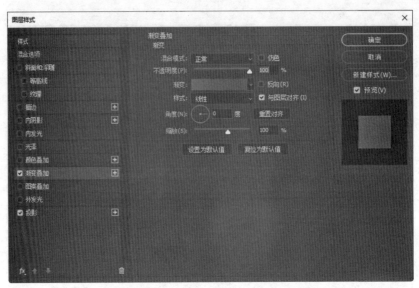

图8-127 "渐变叠加"对话框

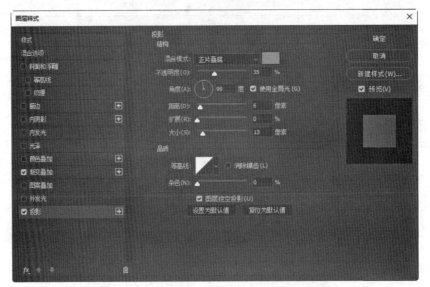

图8-128 "投影"对话框

为TA投票

图8-129 按钮效果　　　　图8-130 NO.1区域的整体视觉效果

**步骤 06** 制作排行榜NO.2和NO.3。参考"NO.1"的绘制方法，绘制排行榜NO.2和NO.3，相关参数参考表8-3。排行榜的效果如图8-131所示。

图8-131 排行榜的效果

**步骤 07** 制作排行列表"4"。

（1）选择"横排文字工具"，输入文字"4"，参数设置参考表8-3。

（2）制作头像。选择"椭圆工具"，按住Shift键绘制正圆形，如图8-132所示，并将图层名改为"排名4"；选择图层"排名4"，使用"移动工具"将"素材4"移至"排名4"圆形的正上方，将图层名改为"排名4素材"；然后执行"图层"→"创建剪贴蒙版"命令，用下方的圆形图层限制图层"排名4素材"的显示区域。置入素材的效果如图8-133所示。

图8-132 头像的基本形状

图8-133 置入素材的效果

（3）选择"横排文字工具"，输入文字"蔡壮保""394票"，参考表8-3设置文字的颜色和大小。文字的效果如图8-134所示。

（4）参考**步骤 05**中的（6）制作"为TA投票"按钮，选择"直线工具"，绘制分割线。排行列表"4"的效果如图8-135所示。

蔡壮保
394票

图8-134 文字的效果　　　　　　图8-135 排行列表"4"的效果

**步骤 08** 参考**步骤 07**制作排行列表5、6、7、8。排行列表的整体效果如图8-136所示。

图8-136 排行列表的整体效果

**步骤 09** 参考项目二中的**步骤 08**制作标签栏。标签栏的效果如图8-137所示。

图8-137 标签栏

**步骤 10** 修改图层名称，将同一类别的图层编组。"排行"页的最终效果如图8-138所示。

图8-138 "排行"页的最终效果

## 项目五　"湖鲜节画展"APP —— 作品详情页

❖ 项目描述

在"湖鲜节画展"投票小程序的"作品详情"页面，用户可查看每件个人作品的详细信息，包括排名、票数、转发量、浏览量以及作品的投票窗口。信息的展示方式能激发用户的主动性，从而提升他们的体验感。

❖ 项目剖析

（1）尺寸：750×1 828 px。

（2）分辨率：72 ppi。

（3）色彩：为了与APP主题保持一致，选择紫色作为主色调。

（4）投票小程序界面简洁，以便用户能快速理解和操作。在设计的过程中，选择合适的颜色、图标和图片等元素，不仅使投票小程序的界面更具吸引力，还有助于提升用户的参与度，并获得优质的用户体验。"作品详情页"的最终效果如图8-139所示。

图8-139　"作品详情页"的效果

"作品详情页"的结构及其相关参数设置如表8-4所示。

表8-4　"作品详情页"的结构及其相关参数

| 项目结构 | 参数设置 |
| --- | --- |
| 辅助线 | 水平线：40 px、128 px<br>垂直线：24 px、726 px |

| 项目结构 | 参数设置 |
|---|---|
| 导航栏 | "排行"文字:"字体"为"苹方","字号"为36点,"文本颜色"为#ffffff<br>"关闭""更多"按钮:背景圆角矩形尺寸为200×66 px,"半径"为30 px,"填充颜色"为#000000,图层"不透明度"为30%<br>图标:尺寸为36×36 px,"填充颜色"为#ffffff<br>分割线:40×4 px,"填充颜色"为#ffffff,图层"不透明度"为50% |
| 选手信息 | 头像:尺寸为120×120 px<br>"姓名":"字体"为"苹方","字号"为36点,"文本颜色"为#ffffff<br>"分享"图标:尺寸为48×48 px,"填充颜色"为#ffffff<br>"排名"等数字:"字体"为"苹方","字号"为60点,"文本颜色"为#ffffff<br>"当前排名"等汉字:"字体"为"苹方","字号"为24点,"文本颜色"为#ffffff<br>分割线:58×4 px,"填充颜色"为#4f4f4f,图层"不透明度"为60% |
| 讯息 | 图标:尺寸为26×26 px<br>文字:"字体"为"苹方","字号"为24点,"文本颜色"分别为#333333与#ed3d43 |
| 作品展示 | 尺寸为702×560 px |
| "为TA投票"按钮 | 按钮:尺寸为630×80 px,渐变的"填充颜色"分别为#ae66e4与#8158e5<br>文字:"字体"为"苹方","字号"为32点,"文本颜色"为#ffffff |
| 标签栏 | 图标:尺寸为48×48 px,"填充颜色"分别为#666666与#8459e5<br>文字:"字体"为"苹方","字号"为24点,"文本颜色"分别为#666666与#8459e5 |

❖ 操作步骤

步骤 01　开启 Photoshop 软件,按 Ctrl+N 组合键,弹出"新建"对话框,"名称"命名为"作品详情",参数设置如图 8-140 所示。

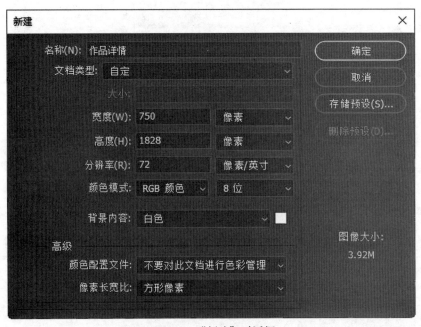

图8-140　"新建"对话框

**步骤 02** 选择"矩形工具",绘制导航栏与信息区域的背景,单击图层面板下方的"添加图层样式"按钮,选择"渐变叠加"选项,参数设置如图8-141所示。渐变叠加效果如图8-142所示。

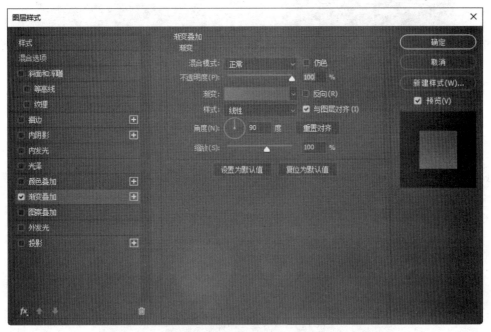

图8-141 "渐变叠加"对话框

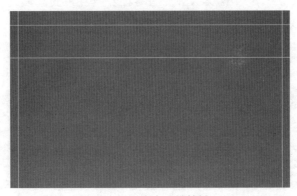

图8-142 渐变叠加效果

**步骤 03** 参考项目二中的**步骤 02**绘制导航栏。导航栏的效果如图8-143所示。

图8-143 导航栏

**步骤 04** 制作选手信息。

(1)制作头像。选择"椭圆工具",按Shift键绘制正圆形,如图8-144所示;然后使用"移动工具"将素材移至圆形图层的正上方;再执行"图层"→"创建剪贴蒙版"命令,用下方的圆形图层限制素材的显示效果。添加素材的效果如图8-145所示。

图8-144　绘制正圆

图8-145　添加素材的效果

（2）选择"横排文字工具"，输入选手的序号和姓名。

（3）制作"分享"图标。选择"椭圆工具""钢笔工具"，绘制"分享"图标，"分享"图标的绘制过程如图8-146所示。

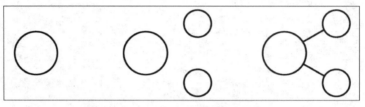

图8-146　"分享"图标的绘制过程

（4）选择"横排文字工具"，输入文字"当前排名""得票数""转发量""浏览量"，然后选择"直线工具"，绘制分割线，属性设置参考表8-4。选手信息的整体效果如图8-147所示。

图8-147　选手信息的整体效果

**步骤05**　选择"钢笔工具"，绘制图标；然后参考项目二中的**步骤05**绘制消息通知区域的其他内容，效果如图8-148所示。

距离前一名相差10票　　打卡天数：5

图8-148　消息通知区域的效果

**步骤06**　制作作品展示区域。

（1）选择"矩形工具"，绘制矩形展示区域，如图8-149所示；然后使用"移动工具"将素材移至矩形的正上方；再执行"图层"→"创建剪贴蒙版"命令，用下方的矩形图层限制素材的显示区域，如图8-150所示。

图8-149　绘制矩形

图8-150　添加素材

（2）参考项目四的 步骤 05 中的（6），制作"为TA投票"按钮，如图8-151所示。

图8-151　按钮的效果

步骤 07 参考项目二中的 步骤 08 制作标签栏，标签栏如图8-152所示。

步骤 08 修改图层名称，将同一类别的图层编组。"作品信息"页的整体效果如图8-153所示。

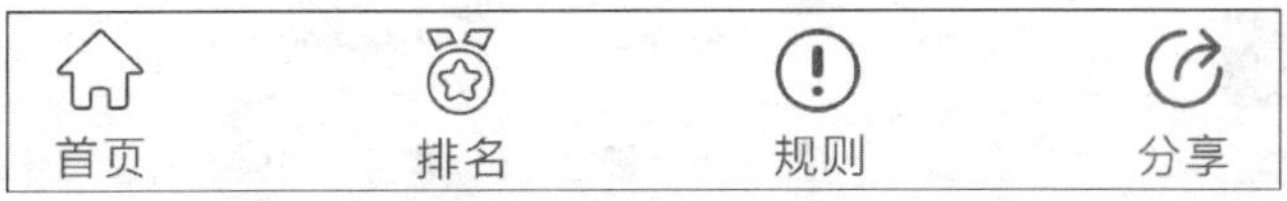

图8-152　标签栏

图8-153　"作品信息"页的整体效果

# 本章总结

- 掌握如何剖析投票类小程序的设计需求。
- 能够根据项目设计需求设计界面。
- 能够掌握投票类小程序界面的设计过程。

# 课后习题

**1. 简答题**

（1）简述小程序设计的重要性。

（2）简述小程序设计的应用价值。

（3）简述小程序的设计要点。

扫码获取
- AI智能辅导
- 配套资源
- 精品课程
- 进阶训练

**2. 实操题**

参照本章介绍的设计方法制作页面，最终效果如图8-154和图8-155所示。

图8-154　考研页

图8-155　报考指南页

# 参考答案

## 第1章

### 1.选择题

（1）A

（2）C

（3）C

（4）A

### 2.简答题

（1）①UI设计即用户界面设计，是针对软件人机交互、操作逻辑、界面美观的整体设计工作。它的核心任务是优化产品的可用性、可访问性以及整体用户体验。

②UI设计是一个涵盖了多个方面的复杂过程，从用户研究、交互设计到界面设计等。设计师需要根据目标用户的需求和偏好进行设计，确保产品界面不仅美观且易于使用。在设计过程中，还需考虑到用户的操作习惯和认知心理，使得用户在使用产品时能够快速上手，减少学习成本。

（2）根据用户和界面可分为4种，分别是移动端UI设计、PC端UI设计、游戏UI设计，以及其他UI设计。

①移动端UI设计的核心在于有效利用有限的屏幕空间，创建简洁且高效的界面。设计师必须关注每个像素的利用，确保布局精简，同时考虑到触控操作的自然性和易用性，设计足够大的交互元素以防止误触。此外，界面设计需专注核心功能，避免过多装饰性元素，以提升用户体验的效率和易用性。由于移动设备种类繁多，适配性也是设计中的重要考虑因素，以确保

应用在不同设备上均能良好展现。

②PC端UI设计利用大屏幕的优势展示丰富的信息和复杂的界面结构，同时依赖鼠标和键盘的精确操作来增强用户体验。设计需支持多窗口操作，保持不同任务间清晰、逻辑的操作流程。专业软件应用通常功能全面且高度可定制，以满足专业用户的需求。

③游戏UI设计需兼顾视觉风格的多样性和动态交互性，确保与游戏的整体风格和玩家状态紧密相连。设计师必须在不干扰游戏体验的前提下，适时展示关键信息，并通过情感化设计增强玩家的沉浸感，创造丰富的感官体验。

④UI设计不仅局限于移动端和PC端，还涵盖如汽车中控屏和智能家居控制面板等多样领域，需满足特定用户群体的需求。这些设计常受硬件环境制约，并逐渐融入手势识别、语音控制等新型交互方式，以创造更便捷、自然的用户体验。

（3）①一致性：每一个优秀的UI设计在视觉效果、结构组成、图标风格、操作方式、色彩、文字以及控件等方面必须保持一致。

②简洁性：简洁的界面能够让界面保持一致性，方便用户减少思考时间，利于用户操作，减少用户错误选择的可能性，加深对产品的印象。

③用户习惯：把用户的体验放在第一位，以用户为设计中心，必须严格遵循用户的基本行为和浏览信息习惯，保证用户

在使用产品时具有流畅性。

④准确传递信息：采用生动直观的图标、简约型卡片式布局、合理规范的文字、减少不相关的信息等一些方式优化界面，以简练、清晰和准确的形式打造产品核心优势。

⑤形式美原则：UI设计中要综合用户和产品的审美要求，考虑结构布局是否合理、色彩搭配是否和谐，图标表达是否准确、不同界面视觉效果是否统一。

（4）①研究和分析：在开始UI设计之前，需要进行研究和分析，包括了解用户需求、目标受众和竞争对手的情况。通过用户调研、市场分析和竞品分析等方法，收集相关信息，为后续的设计工作提供基础。

②制定设计原则和目标：根据研究和分析的结果，制定设计方向。确定设计的整体风格、色彩搭配、排版规则等，以确保UI设计与用户需求和品牌形象相匹配。

③创意和草图：在制定设计方向后，开始进行创意和草图设计。

④交互设计：通过创建原型或使用交互设计工具，模拟用户与界面的交互过程，以便评估和改进设计。

⑤视觉设计：在完成交互设计后，进入视觉设计阶段，包括选择合适的颜色、字体、图标和其他视觉元素，以及设计界面的视觉效果和样式。

⑥设计评审和测试：在完成UI设计后，进行设计评审和测试。与团队成员、客户或用户共同进行设计评审，收集、反馈和提出建议，并进行必要的修改和优化。

⑦实施和开发：在设计评审和测试通过后，将UI设计交给开发团队进行实施和开发。

⑧验收和优化：完成开发后，设计人员需要进行验收和测试，以确保实施的界面与设计一致，并达到预期的效果。

## 第2章

**选择题**

（1）ABCDE

（2）ABCD

（3）ABC

（4）ABCD

（5）D

（6）C

（7）D

（8）B

## 第3章

**1. 简答题**

（1）图标设计是UI设计一个不可或缺的组成部分，它可以作为一个有效的工具来传达信息并为用户提供操作支持。图标设计具有以下作用：①提高用户体验；②增强品牌形象；③强化信息传递；④提高界面美观度。

（2）①图标是一种简单的图形符号，是一种简化的图形，通常表示某个应用程序、功能或操作。图标小巧精致，可以用于界面设计和网站设计等。②标志是一种用于代表品牌或组织的图形或符号，通常包括文字和图形元素。标志是品牌形象的核心，可用于商标、广告、宣传等，传达组织或公司的形象、品牌和价值观。③标识是一种用于区分不同事物的记号、符号或符号组合，具有明确标志含义的图形或文本。在商业领域中，标识是公司的视觉符号，代表公司的品牌形象和产品。

（3）①图标应该简洁明了，能够在最短的时间内有效地传达信息。②优秀的图标易于识别，用户能够轻松识别和理解其含义，避免混淆和误解。③UI图标需要与产品的品牌形象相匹配，同时也需要保持设计的一致性。④UI图标设计需要考虑图标的可定制性和可扩展性，使用户可以根据自己的喜好、需求和使用习惯，将UI图标进行个性化定制和扩展，从而达到更为舒适的体验。⑤UI图标的设计需要根据现有的主题、品牌形象或其他因素来选择相应的色彩和形状。

（4）①在设计UI图标之前，必须确定设计的样式。②根据品牌形象确定UI图标的颜色。③根据品牌形象确定UI图标的颜色。④将手绘草图转化为数字化的图标设计。⑤完成UI图标设计后，必须先进行测试。

## 第4章

### 1.简答题

（1）主题图标分为两个部分，分别是系统图标和第三方应用图标，系统图标是类似于音乐、信息、时钟、计算器等图标，第三方应用图标是京东、微信、滴滴等需要自行下载安装的图标。

（2）①了解用户群体。②选择高清素材。③保持主题协调性。④注意素材的版权问题，避免侵权行为。⑤素材可以使主题更加出彩，但不应该过度使用。

## 第5章

### 选择题

（1）ABCDE

（2）ABCD

（3）ABCD

（4）ABCD

## 第6章

### 1.简答题

（1）①便捷的购物流程。②丰富多样的商品选择。③个性化推荐。④安全的支付方式。⑤评价与社区分享。

（2）①丰富多样的商品选择。②便捷的购物体验。③个性化推荐。④安全可靠的购物环境。⑤优惠活动和促销策略。

⑥社交化购物体验。

（3）①"首页"页面的作用：提升用户的购买欲望、购买便利性和购物体验。②"商城"页面的作用：用户能够根据商品分类导航快速找到所需商品；用户可以根据自己的兴趣爱好在线购物和参加社交互动等，实现个性化消费体验；用户通过点击商品进入商品详情页面，查看商品的详细描述、图片、规格参数等。③"积分"页面的作用：通过完成特定的任务、购物、参与活动等方式获取积分，然后兑换商品、红包、优惠券等实物或虚拟物品，从而获得一些实质性的福利。④"购物车"页面的作用：用户可以将心仪的商品加入购物车，然后可以在任何的时间进行结算和支付。购物车功能还可以帮助用户管理购买计划，方便对商品进行比较和选择。

## 第7章

### 1.简答题

（1）①益智类游戏。②冒险类游戏。③模拟类游戏。④角色扮演类游戏。⑤竞技类游戏。⑥休闲类游戏。

（3）①"首页"页面的作用：运用鲜明的色彩和有趣的动画效果来设计游戏图标和按钮，增加游戏的趣味性和可玩性。②"开始游戏"页面的作用：以富有创意的设计和鲜明的视觉效果，吸引用户的眼球，激发用户的探索欲望，增加游戏的吸引力。③"注册"页面的作用：采用简洁明了的布局将注册所需信息以简洁、直观的方式展示，避免烦琐的操作和冗长的填写步骤，提高用户的注册体验。

## 第8章

### 1.简答题

（1）①小程序作为一种轻量级应用，可以直接在微信、支付宝等主流社交平台和支付平台上运行。用户不需要下载便可使用，极大地提升了用户的接触渠道。②小程序的设计理念是"用完即走"，用户无须在手机上占用大量存储空间，同时界面简洁，操作简单，可以给用户提供沉浸式的使用体验。③小程序设计减少了部分功能的设计和开发，只保留了核心的功能，因此开发时间更短，成本更低。④相比传统APP，小程序的推广传播和用户留存率更高。

（2）①小程序为商家提供了一个新的销售渠道。②小程序为服务行业带来了创新机会。③媒体可以通过小程序将资讯和内容发布给用户，让用户更方便地获取感兴趣的信息。④小程序可以为教育培训机构提供在线学习、课程资源分享等功能，学生可以随时随地进行学习，提高学习的灵活性和效率。

（3）①小程序需要提供高质量的内容和功能，才能吸引和留住用户。②小程序在设计时要尽量减少页面的加载时间，使用图片和资源的压缩功能，优化代码结构和逻辑，提高小程序的运行效率。③小程序的界面设计应当简洁、直观，符合用户的使用习惯。④使用合适的图形和图标传达信息和引导用户。⑤考虑到用户多样化的需求，小程序的设计应该注重可访问性和易用性。⑥在设计小程序时，合理安排页面之间的跳转和转场动画，避免用户操作错误。

扫码获取
- AI智能辅导
- 配套资源
- 精品课程
- 进阶训练

# 参 考 文 献

[1] 胡卫军. UI设计全书 [M]. 北京：电子工业出版社，2020.

[2] 张芳芳. 移动端UI设计与制作案例教程 [M]. 北京：电子工业出版社，2018.

[3] 陈珍英，毛忠瑞，程真. 移动端UI设计与制作案例教程 [M]. 北京：北京理工大学出版社，2023.

[4] 陈根. 图解交互设计：UI设计师的必修课 [M]. 北京：化学工业出版社，2021.

[5] 贾京鹏. 全流程界面设计 [M]. 北京：中国青年出版社，2019.

[6] 李世钦. 游戏UI设计原则与实例指导手册 [M]. 北京：人民邮电出版社，2023.

[7] 沈学渊，陈仕. 从零开始学UI设计：思路与技法 [M]. 北京：化学工业出版社，2020.

[8] 王铎. 新印象——解构UI设计 [M]. 北京：人民邮电出版社，2022.

扫码获取
☑ AI智能辅导
☑ 配套资源
☑ 精品课程
☑ 进阶训练